# 建筑的智能空间设计研究

周　敏　著

吉林出版集团股份有限公司
全国百佳图书出版单位

**图书在版编目(CIP)数据**

建筑的智能空间设计研究 / 周敏著. —长春：吉林出版集团股份有限公司，2023. 6

ISBN 978-7-5731-3841-5

Ⅰ. ①建… Ⅱ. ①周… Ⅲ. ①建筑空间—建筑设计—研究 Ⅳ. ①TU2

中国国家版本馆 CIP 数据核字(2023)第 135950 号

JIANZHU DE ZHINENG KONGJIAN SHEJI YANJIU

**建筑的智能空间设计研究**

著　　者　周　敏
责任编辑　李　强
封面设计　锦林图书
出　　版　吉林出版集团股份有限公司
发　　行　吉林出版集团青少年书刊发行有限公司
地　　址　吉林省长春市福祉大路 5788 号(130118)
电　　话　0431-81629808
印　　刷　定州启航印刷有限公司
版　　次　2023 年 6 月第 1 版
印　　次　2023 年 6 月第 1 次印刷
开　　本　710 mm×1000 mm　1/16
印　　张　10.75
字　　数　200 千字
书　　号　ISBN 978-7-5731-3841-5
定　　价　56.00 元

# 前　言

随着我国综合国力的提升和社会生产力水平的不断发展与进步，我国的计算机网络技术、智能技术、可视化通信技术、无线局域网等高科技技术水平都得到了不同程度的发展，并取得了一定的成果。在这种发展趋势下，智能建筑将会给传统的建筑概念赋予新的内容，不断地探索和实现技术和设计上的新突破，稳定且持续地不断发展与完善，在未来的建筑工程发展中将发挥巨大作用。随着建筑行业的快速发展，智能建筑成了建筑行业发展的方向和趋势，智能建筑空间设计是智能建筑建设过程中的重点工作，必须进行重点分析和研究。

近年来，智能技术不断被建筑工程中各个部分所应用，并逐渐与建筑设计的理念融合在一起，成为设计更好的建筑内部空间理论研究和实践的实现基础与奋斗核心。它们的结合突破了传统的格式化建筑理念，使现代建筑设计朝着智能化的发展方向不断前行。

从建筑行业不断兴起与发展的历史进程中，我们发现，每一次的技术革新，都是科学进步的产物。发达的科技基础是建筑业不断演变与进步的最强大动力，从某方面来说，也是智能建筑发展的最终目标，它们互相推动着彼此不断向前迈进。

智能系统涉及面较广，涉及的技术领域较多，生产商不可能包罗万象，只能生产其中某一个系统的产品，这样就形成了各种不同厂家产品的集成，不同厂家的产品在性能参数上不一致，给各系统集成造成了技术上的障碍，使空间的利用率不足。

我国的建筑设计研究长期处于一个被忽视和被遗忘的角落，而且空间设计这一行业是随着我国房地产事业的不断发展而兴起的，因此我国对于此类的研究相对较少，而且具体指导空间设计的直接性理论较为少见。对于空间设计的研究主要集中于经营管理和策略等领域。可以说，我国现阶段并没有形成一套较为完整、系统的适合我国国情的空间设计理论，因此，加强对建筑空间设计现状的理论研究具有一定的研究价值。

# 目　录

# 第一章
# 智能空间的理解

## 第一节　智能空间概念与设计发展

### 一、研究背景与概念综述

智能空间这一概念起源于美国科学家马克·维瑟博士 1991 年提出的普适计算（Ubiquitous Computing，缩写为 Ubicomp 或 UC）的概念，他认为信息科技的快速进步在大幅提高计算能力的同时，也使计算无处不在，“最深刻和强大的技术应该是看不见的技术，是那些融入日常生活并消失在日常生活中的技术。只有当计算进入人们生活环境而不是强迫人们进入计算的世界时，机器的使用才能像林中漫步一样新鲜有趣”。

随着技术的发展，尤其是芯片技术、通信技术、网络技术和传感技术的持续突破，普适计算的概念得到普遍认可，而无处无时不在的计算服务又激发了各国学者陆续拓展出普及计算、主动计算、可穿戴计算、上下文敏感计算、位置敏感计算、情感计算、游牧计算、不可见计算、消失计算、平静计算、日常计算、嵌入计算、自主计算、有机计算、环境智能、智能空间等诸多领域。美国 Colorado 大学 Boulder 校区开展的“Adaptive House”项目，是关于智能空间最早的实验研究之一，其后由于各学术单位对智能空间的研究侧重点不同，涌现出了很多关于智能空间的研究计划。

**（一）加拿大 Toronto 大学 Reactive Environment 计划**

以一个视讯会议室为研究对象，重点探讨安装了各种视听工具、设备的室内空间，环境如何感知并与用户进行反应式交互，减轻用户控制设备的负担，使用户（包括现场会议人员和通过视听设备参加的远程会议人员）能自如地使用设备进行会议。

**（二）美国 Microsoft 公司的 Easy living 项目**

微软视觉技术组（Vision Technology Group）的一个项目，旨在研发一个用于建立智能环境的原型架构及其关键技术，以方便人与人、计算机及设备的交互。Easy living 系统具有三个重要特征，即自我感知的空间、随意访问和可扩展性，通过计算机视觉，系统能跟踪人的位置和状态、响应人的声音和手势命令。Easy living 系统的核心组件包括中间件（Middleware——承担分布式计算）、世界建模（World Modelling——提供基于位置的上下文信息）、感知器（Perception——收集空间状态）、服务描述（Service Description——支持设备控制、内部逻辑和用户界面的分解）。Easy living 应用的一个经典实例是当用户进入一个智能环境时，灯会根据用户的位置自动打开，灯光会变亮或变暗，当用户离开时灯会自动熄灭。

**（三）美国 IBM 公司的 Dream space 项目**

研究目标是开发一种允许用户进行自然交互，在共享空间合作的系统，Dream space 系统可以“听”声音命令，“看”手势和身体位置，像人那样进行人机交互。计算机能理解用户，用户可以自由地专注于对实际对象和信息进行理解和思维，从而最低限度地被计算机限制和分散精力。目前该系统使用墙面大小的三维图像和声音完成人机交互，但没有键盘、鼠标、导线、遥控器等。关键技术包括语音输入和识别、手势和身体位置监控、墙面尺寸三维显示器、宽带网等。Dream space 的典型应用包括：教育、娱乐、科学可视化等。

**（四）美国 Georgia 理工学院 Aware Home 研究项目**

由 Georgia 理工学院的“未来计算环境组”负责的一个项目，研究宗旨强调家居环境必须能感知用户的存在，不受妨碍地与用户进行交互，使用户体验基于智能服务的日常生活而没有任何不便。Aware Home 实现的关键是 Ubiquitous Sensing，即“无所不在的感知”技术，这种感知是透明的，用户无须了解其是否存在、如何存在、如何操作等。试验的感知设备有扬声器、麦克风、视频监测器、射频监测器等。

**（五）法国 Inria（法国国家信息与自动化研究院）Smart office 项目**

以普通办公室（增加了广角照相机、视频投影仪、麦克风、话筒等设备）为研究对象，探讨智能环境下完成日常办公的机理，主要理论是智能环境应能主动观察用户的活动，并根据用户当前位置帮助其完成日常工作。Smart office 环境系统通过探测、判断用户的声音、手势和行动状态与用户交互，强调用户不必关心系统功能实现的细节。系统利用一个基于规则语言编写的“监视者”向用户提供资源服务，该“监视者”有两个基本模块：白板增强模块、用户位置感知模块。

### （六）美国 Stanford 大学的 iRoom 实验项目

iRoom 即 Interactive Room，是 Stanford 大学“互动工作空间”计划的实验项目，以一个会议室为原型，重点研究在技术增强的工作环境中人们完成任务的新机制。iRoom 安装了 3 个触摸敏感显示板，1 个底部投影工作台，1 个前向投影屏，多个无线鼠标、键盘和 PDA，以及 8 台隐藏式安装的 PC。iRoom 试验基于面向任务（Task-oriented）的原则，认为人是互动的焦点，而不是信息设备和应用本身，基于多模输入收集到的上下文信息应能反映用户的行为意图。

### （七）英国 Essex 大学的智能居住环境（IIE）研究项目

IIE 是 Intelligent Inhabited Environments 的缩写，项目由 Essex 大学的 IIE 研究组负责，目标是创造使大众在日常生活中也能体验嵌入式智能和普适计算带来的便利。研究人员设定了一个经过信息技术增强的学生寝室，开发出以嵌入式代理（Embedded Agents）为核心的智能寝室环境系统——iDorm。iDorm 是一个多用途、多用户的环境，其所有信息设备均通过 UPnP（Universal Plug and Play）中间件接口响应事件请求，UPnP 使 iDorm 的各种信息设备能自动运行和设置。嵌入式代理是基于神经网络、机器学习、知识库等技术实现的 AI（Artificial Intelligence）应用，能根据环境感知获得的输入数据提供基于行为分析的智能服务。

### （八）美国 HP 公司的 Cooltown 项目

HP 的研究人员认为，客观物理世界与网络虚拟世界两者之间应更紧密地连接起来，形成丰富的互补关系，使人们享受更便利的互联网应用。基于此观点，HP 的研究者提出了“Web Presence”的概念，并在 Cooltown 项目中进行了实验。Web Presence 可直译为“网络呈现”，是在延伸了网站主页（Home Page）概念的基础上提出来的，其核心观点是把物理环境中的实体也看作“主页”，以期人（People）、地（Places）、物（Things）与互联网都能直接关联，形象地描述就是人、地、物客观实体就像在互联网中存在一样。“物”的网络呈现通过嵌入式网络服务器或网络服务器实现；“地”的网络呈现通过专门开发的 Placemanager 位置管理网络服务器实现；“人”的网络呈现通过 Weblink 服务提供全球主页（方便个人通信）和基于 Placemanager 提供信息服务器实现。

Cooltown 提供了一种基于底层架构支持游牧用户的网络服务模式。

**（九）美国 Carnegie Mellon 大学的 Aura 项目**

目前的计算服务对用户的信息素质、操作能力等要求很高，用户不得不消耗大量的精力在学习操作、设置环境、人机交互等方面，却对完成任务的方式、效率、品质等无暇考虑。Aura 项目的研究人员认为：最珍贵的计算资源是人的注意力。为了明确表达这一理念，项目网站上甚至以“Distraction-free Ubiquitous Computing”即“无须分散注意力的普适计算”作为标题注释。为了尽量减轻用户访问服务的注意力负担，研究人员引入了个人代理（Personal Aura）的概念，由 Aura 代理用户管理、维护分布式计算环境中频繁变化、松散耦合的多个计算设备，以完成用户的目标任务。整个系统分物理层、操作系统/网络层、服务层、任务层、用户层共 5 个层次，每层都需要解决特定的技术瓶颈。例如，Resource Opportunism（资源机会）、Intelligent Networking（智能联网）、Multi-Fidelity Computation（多保真计算）、Energy-Aware Adaption（能量敏感适应）、Task-Driven Computing（任务驱动计算）等。系统核心功能组件包括：Task Manager——个人代理实例；Context Observer——提供事件关联的物理上下文信息；Environment Manager——环境门户，本地化管理（注册、部署、查询等）并提供 Suppliers 的各种服务；Suppliers——提供构成任务的抽象服务，例如撰写文本、播放视频等。

**（十）美国 MIT（麻省理工学院）的 Oxygen 计划**

该计划由 MIT 计算机科学实验室和人工智能实验室主持，参与计划的研究人员认为计算技术的发展将以人民为中心，随着大量嵌入式计算设备的出现和普及，人们在日常生活中应该像呼吸空气一样自由地使用丰富的计算和通信资源。Oxygen 的技术直接满足用户需求，例如，其语音和视觉技术使用户感觉与系统通信就像与另一个真人交互一样。在 Oxygen 系统中，嵌入式设备集称作“E21s”，这些设备部署在室内、车内等区域后形成智能空间的嵌入式计算基础。手持式设备集称作“H21s”，为用户提供移动访问能力，手持设备接受用户的语音和视觉输入，并重新进行自我设置以支持多种通信协议或功能。网络集称作“N21s”，支持动态连接、设备自我识别和多种通信协议，提供命名、定位、发现资源、安全访问等多种功能。软件技术提供永久性的变化控制功能。感知技术提供自然方式交互的基础。用户技术则包括自动匹配、协作、知识访问等。Oxygen 的设备、网络和软件技术极大地拓展了用户的能力。

### （十一）美国华盛顿大学的 Portolano 项目

“Portolano”是意大利语，含义为文字写成的航海指南，用该词作为项目名称，寓意研究者希望其成果能为其他相关研究提供指南。该项目目标是研究基于“数据为中心的网络”实现不可见计算（Invisible Computing）的方法，分为三个子目标：

1. 连接物理世界与互联网络，关键技术有环境感知、即插即用、电源优化、断接通信等；

2. 计算机隐藏，关键技术有任务型用户界面（不分散、干扰用户的注意力）、多模式输入输出、以数据为中心的联网等；

3. 可靠可信服务，关键技术有设备自动配置与监视、高效的软件开发与应用部署、自组织中间件等，这些目标按用户服务（User Services）、数据服务（Data Services）、中间件（Middleware）、网络连接（Connectivity）、设备（Devices）等五个层次展开。

### （十二）日本 Keio 大学的 SSLab 项目

SSLab 是 Smart Space Laboratory 的缩写，目标是开发一个各种设备、传感器、应用都无缝连接，并为人们提供通信和协作的智能环境，分三个任务方向：设计并建造室内智能空间试验设备；在动态异构网络环境中建造适应性网络架构；评估服务中间件系统及其应用（包括虚拟网络设备、可穿戴网络、整合传感器网络）。SSLab 系统按物理结构层、网络层、中间件层和应用层展开。

### （十三）美国 California 大学（Berkeley）的 Endeavour 项目

研究目标是设计开发一种可以拓展至全球规模的，具有自组织和自适应能力的信息设施，以方便人与人、人与信息、人与设备之间的交互。研究人员认为未来设备互联将非常普遍以至于互联网将变得“不可见”，对大量捕获到的信息，管理重点将是其相互关系、关联及流动而不仅仅是简单的查询，这样的系统以人而不是信息为交互中心，能够动态、实时地协调世界上任何可用的资源来满足用户计算的需要。Endeavour 项目的关键创新之一是“流软件”（Fluid Software），流软件不仅支持移动编码而且支持游牧数据，能够根据任务状态复制自己，在系统中“流动”自适应地选择在何处执行、在何处存储，并通过接口协议获得可用资源，并向其他实体提供服务。Endeavour 项目首先在信息设备（Information Devices）、信息设施（Information Utilities）、应用程序（Application）和设计方法学（Design Methodologies）四个方面进行研究和验证，其中信息设施是核心。

信息设施要支持并整合存储、处理、管理各种服务以及大量的信息设备（例如传感器、激励器以及监控设备等），这种信息设施类似电网，是“普在”式的，能把资源“流动”到需要服务的用户，但与电网不同的是，信息设施能够了解设施的使用情况，并能够根据用户的需求自适应地动态调整自身功能和接口。

**（十四）美国 Illinois 大学的 Gaia 项目**

Gaia 是古希腊神话中的大地之母，英国科学家 James Lovelock 曾于 1972 年提出 Gaia 假说，认为地球是一个具有自组织功能的超级有机体，生物的存在使地球的物理和化学环境得以改善。Illinois 大学的智能空间研究项目以 Gaia 命名，寓意是希望建立一种全新的交互型物理空间，在虚、实对象之间架起桥梁，人们可以在大量设备和应用的智能计算下完成各种任务。研究人员参考了计算机操作系统的工作原理，设计开发了基于分布式中间件架构的元操作系统——GaiaOS：这个操作系统不仅支持事件处理、文件管理、进程/过程调用、安全防范等一般操作系统功能，还支持上下文计算、位置感知、管理移动计算设备和激励器等，能自适应地协调交互空间中的软件和异构联网设备。Gaia 系统提供的服务，以用户为中心，对空间资源和上下文环境敏感、支持多种设备和移动应用。Gaia 基本架构包括系统核（Gaia Kernel）、应用框架（Application Framework）、交互空间应用（Active Space Applcations）。系统核是一个管理和部署分布式对象的系统，并提供所有应用可调用的基本服务集（如事件管理、在场服务、上下文服务、空间容器服务、文件系统等），其组件管理核（Component Management Core）负责动态加载、卸载、传输产生和消除所有 Gaia 的组件与应用；应用框架支持移动性、适应性和动态绑定功能，使最新的应用能很方便地在交互空间中部署运行；交互空间应用层则提供注册、管理和控制等功能。

**（十五）美国国家标准和技术研究院的 Smart Space 项目**

美国国家标准和技术研究院的 Smart Space 项目主要包括三个研究领域：

1. 高速率传感数据传输与处理；
2. 适用于智能空间的独特传感技术；
3. 语音信号质量测量方法。

NIST 定义的智能空间是“一个嵌入了计算、信息设备和多模态的传感装置的工作或生活空间，具有自然便捷的交互接口，支持人们方便地获得计算机系统的服务”。这种智能空间可提供的服务有：识别、感知用户及其动作和目的，理解、预测用户在完成任务过程中的需求；用户能方便地与各种信息源（包括设备和数据）进行交互；用户随身移动设备可以无缝地与智能空间基础设施交互；提供丰富的信息显示；提供用户在智能空间的经历记录；支持多人协同工作以及与远程用户的沉浸式协同工作。NIST 还重点研究了关于数据传输、分布式处理、元数据等的工具和标准，以期将来推广应用。

### （十六）中国清华大学的智能教室项目

智能教室是为探索交互空间的关键技术及其应用而开展的研究项目。智能教室系统基于分布式计算环境，采用多 Agent 实现（每个模块都实现为一个 Agent），包括人脸识别、虚拟鼠标、语音识别、语音合成、媒体板、学生板等多个 Agent。软件支撑平台定位为中间件，主要作用是屏蔽网络和操作系统底层细节、提供各分布模块间的通信支持、系统维护和管理等必要服务。在这样一个经过交互技术增强的智能教室中，教师可以用与普通课堂中一样自然的方式，给现场和远程的学生同时授课，语音、手势代替了键盘、鼠标，大屏幕的墙面投影和电子白板代替了桌面的显示器，远程教育和现场教育的边界被模糊了。该项目在多模态信息融合、交互空间中基于上下文的行为语义、内容相关的自适应传输、可伸缩群组交互机制、无缝的可移动性、基于内容的多媒体检索等多方面取得显著进展。

类似的独立研究在欧洲称为 Ambient Intelligence ——环境智能，最早于 1990 年由荷兰的 Philips 公司提出，目标是开发能在家庭、办公室甚至一些公众场所，例如博物馆、街道、公交站台、广告牌等，使用的环境智能设备，这种设备不仅能提供信息，而且能进行通信或娱乐服务。环境智能的概念一经出现，欧盟委员会立即认识到其重要价值。1991 年欧洲信息社会咨询组（ISTAG：Information Society Technologies Advisory Group）发布了一份著名的报告——Scenarios for Ambient Intelligence in 2010，即《2010 年环境智能前景》。该报告认为：当代世界以遵循摩尔定律发展的电子设备为中心，这些设备为人类提供计算、信息、娱乐和通信；环境智能则预示着未来电子设备以另外一种方式存在，即普适的、嵌入的、容易被访问并能自动互操作的方式，电子设备将成为环境的组成部分，技术系统将无缝地与用户交互，提供信息和个性化的、上下文相关的娱乐服务，自然交互、环境感知、计算不可见和设备自适应是环境智能系统最根本的特征。为鼓励环境智能的相关研究与发展，欧盟第六框架计划把环境智能列为其重要内容之一。在此激励下，欧洲各国企业及科研单位、大学等纷纷开展相关研究，并取得了进展。

关于智能空间的定义，人们因理解或研究角度的不同而略有差异。有的定义侧重环境对人的状态和意图的感知；有的定义强调设备的自适应及互联通信能力；有的定义偏重以人为中心的自然交互和不可见计算；还有的定义则认为智能空间是一个能感知、推理和通信，为用户提供便捷服务的智能环境系统。美国国家标准和技术研究院对智能空间的定义，相对得到更多认同，并被广泛引用，“智能空间是一个嵌入了计算、信息设备和多模态的传感装置的工作或生活空间，具有自然便捷的交互接口，以支持人们方便地获得计算机系统的服务”。综合考察这些定义，可以推论出一个共同点：智能空间的重要前提是对物理空间的技术增强，即利用传感器、通信设备、计算终端、软件系统等对物理空间进行嵌入式信息化改造。因此，智能空间是物理空间和信息空间经过叠加，具有感知、分析、推理、通信、自适应和普适计算能力，为用户提供智能服务的复合空间。智能空间之所以“智能”，不仅仅是因为人们在这样的环境中可以获得便捷的服务，更重要的是信息空间能够觉察到物理空间的变化，整个环境系统都在努力适应用户——始终以人为交互的中心，在合适的地点、合适的时间，用合适的方法提供合适的服务，这是智能空间的真正目标。

## 二、智能空间的关键问题

### （一）情境感知

情境在理解和呈现人类活动中起关键作用。智能空间要能主动对环境中的人、设备等进行感知，再根据对情境状态的分析、判断、预测等提供服务。例如，在一个智能家居环境中，用户随意走到某处开始阅读，当环境设备感知到用户的阅读动作或状态时，能自动根据室内光照条件选择打开窗帘，或是打开最近的灯，为用户提供照明服务。在智能空间中，对人的感知包括用户识别、用户方位感知、用户行为感知、用户状态感知、用户表情感知、用户意图感知等；对设备的感知包括设备分布感知、设备状态感知、设备能力感知和发现设备变化（增加或减少设备）等；另外，根据传感器的工作方式，还可以分为自动感知、触发感知和智能感知（传感器具有学习适应能力）等类型。①

智能空间是一个动态、分布、异构的环境，进行情境感知不仅要研究上下文信息的采集、理解、推理和语义等问题，还要研究感知交互界面、实时信息处理、不确定性建模、多源感知数据融合等，并且要注意保护用户的正常生活体验，不干扰用户习惯和触犯个人隐私等。

---

① 李金春，贺洲艳．特殊儿童智能家居空间的设计新设想［J］．家具，2022，43（02）：63－67.

### （二）自适应性

自适应性是指在人为干预最少的情况下，智能空间根据预设策略，利用情境感知自动地调整自身行为或状态，以适应资源、需求或环境的变化，为用户提供灵活、稳定、连续、可靠和高效的服务。计算设备的自适应是关键，例如，一位到某公司访问的客户，带着随身电脑到该公司的智能会议室时，客户不必做任何手工配置，就可以把随身电脑中的产品演示文稿直接发送到会议室的投影仪上。智能空间的计算设备大致可分为三类：（1）传感设备。例如，监控器、麦克风、扩音器、温度传感器、压力传感器、红外传感器、射频探测器等；（2）嵌入式计算设备。例如，隐藏在环境中的计算机、网络路由器、显示器、投影仪等；（3）移动计算设备。例如，智能手机、个人数字助理（PDA：Personal Digital Assistant）、上网本等。这些设备千差万别，经常动态变化，并且在计算能力、存储能力、通信能力和电源持续能力等方面往往存在限制，这就要求进行更有效的设备管理，加强自治和互操作，根据变化在不同层次自动调节，做好动态重新配置，各种设备自发地协同工作，以广泛地适应不同的平台、接口、协议和计算任务。

提高自适应能力，一方面取决于对自适应策略及算法的持续优化，不断提高自适应结果的可信度；另一方面要研究完整的机制来支持设备自适应，在各种设备进出环境、通信交互、协作计算、断续连接等操作时，能够自动发现、自动配置、自动优化、自动修复、自动运行，其关键技术点包括设备描述、设备映像、可靠连接、协作仲裁以及代码和计算移动等。

### （三）异构通信

异构通信是指基于不同协议或不同规范的设备进行互联和交互，包括传输协议的异构、通信语法的异构和通信语义的异构等。由于应用的丰富性，没有一种接入技术可以在任何条件下满足所有的通信需求，广域的、局域的、个人域的各种通信设备共生并存，各种技术从不同层面对智能空间进行通信覆盖，因此异构是智能空间通信的基本特征，并将沿着互通、协同的轨迹演进。这就要求必须以人为中心，从整体上对各种技术的共生关系进行规划，采用新的体系结构支持异构通信，使通信网络走向泛在化、多元化、智能化的融合。

移动泛在网络环境（MUSE：Mobile Ubiquitous Network Environment）是一种可参考的体系方案。MUSE 的核心思想是业务创造得丰富多样、业务提供的充分适配、网络的协同融合和终端的泛在智能，用户、终端业务环境和网络业务环境是三大功能要素。MUSE 通过各个异构子网络的协同支持不同的移动无缝连接，智能终端及传感器网络负责环境感知和上下文信息采集，支持信息空间与物理空间的融合，始终以为用户提供最佳体验为目标。MUSE 强调网络和终端的异构性与可重构性，并有效地屏蔽了异构网络的底层细节，实现业务的迅速开发与部署。通信网络的融合协同是 MUSE 的重要特点，协同使得原本分离、局部的优势能力，通过有序地整合实现对资源的优化利用，甚至促进网络进入一个可进化的发展阶段，以提供更有效、更智能的服务。

### （四）无缝移动

随时随地提供服务是智能空间的重要特点之一，要求系统必须支持用户或资源在物理空间中的高度移动性，即随着用户或资源的频繁移动，无论环境和结构如何动态变化，伴随发生的计算服务必须一方面保持继续进行，另一方面计算服务本身也根据需要无缝地迁移，使用户不受场所转换的干扰，能感受到连续、一致的服务体验。例如，某用户在公司办公电脑上工作到任意时刻，突然有事回家，那么该用户无须主动进行任何保存数据、关闭程序等操作，待其回家后家庭电脑上将重现办公室电脑上的整个运行现场，必要时用户可以继续原来的工作，而用户并不会感觉到因地点、资源、通信、环境等复杂变化产生的各种差异。

无缝移动是提供灵活、敏感、智能服务的保证，涉及智能空间的技术核心，需要深入研究体系结构、情境建模、人机交互、可靠通信、资源动态绑定、服务移动和自主发现、运行现场保存和重构等诸多复杂问题，对实用开发来说是一项重大挑战。比如美国斯坦福大学研究的 Compute Capsule（直译为“计算胶囊”），已尝试利用将应用状态和数据分离的机制来为服务迁移、现场重构等提供支持。无缝移动式智能空间具备了向用户提供游牧服务（Nomadic Service）的能力，游牧服务，顾名思义是指用户可以在智能空间中随意移动，无缝获得服务。

### （五）任务驱动

计算不可见是智能空间的一个重要特征，基本含义就是环境系统应能理解用户的行为和意图，主动进行交流和服务，用户的注意力主要集中于达成目标本身，对底层的操作、管理等只需最少的关注。在这种计算模式下，系统承担了大部分的管理活动，例如，负责维护可全局访问的计算任务和状态、重建上下文、计算资源的自动协作和自动配置等，使用户能在高层次与系统交互，而不必关心如数据来源、数据格式、操作类型、操作方式、接口标准等问题。任务驱动模型（Task Driven Model）的服务能随环境资源的变化而变化，容忍部分计算资源的失效（这在传统计算模式中是灾难性的），具有良好的伸缩性，并降低了计算对用户专业背景知识的要求，适合动态、松散耦合的智能空间系统。一个任务代表了用户的一个计算意图，也可以被理解为用户触发的一个高层次服务请求或指令。系统一旦根据上下文信息预测、判断出用户意图后，即开始自动规划并执行任务的策略和一系列动作。

任务驱动模型由任务管理、服务构建、会话管理等模块构成，包括任务检测、参数描述、任务定义、任务拆分、动作打包、任务状态、任务执行、会话机制等技术要项。任务的自动化程度主要取决于：1. 完成任务的动作集合及动作路径，动作和路径越简单自动化程度就越高；2. 任务与用户的会话等级，会话越高级，自动化程度也越高。

### （六）软件基础架构平台

在传统的物理空间中，大多数计算都因为设备的非嵌入性特征，被局限在桌面或某些固定场所；在智能空间中，大量计算资源“融合”到环境中，使得传统分布式的软件基础架构平台已不再适用。智能空间软件基础架构平台的最大特点是以服务为导向，平台本身对用户而言是透明的。作为支撑智能空间系统的技术环境，软件基础架构平台负责应用软件与环境设备、操作系统和用户的交互及管理，提供部署应用、管理服务、协调资源、保障安全等基础功能。在软件基础架构平台中，所有的软硬件资源都虚拟化了，对资源的自动化管理是保证高效服务的前提，这涉及虚拟资源模型的问题，除此之外，互操作、协议标准、流程接口、安全认证、性能预测等都是关系到平台开发和应用效率的关键。

### （七）自然交互

迄今为止，人与计算设备的传统交互方式都是非自然的，人以计算设备为中心，不断地学习适应各种计算设备的交互方式和界面。自计算机诞生以来，从手工穿孔、作业控制和命令语言到菜单用户界面、图形用户界面、网络用户界面、多媒体用户界面，人们不得不掌握、服从并持续地学习计算机的操作特性才能实现交互，完成计算任务，这对人提出了相当高的专业要求，虽然人机界面的友好性已经发生了显著变化，但在人性化方面的表现仍然很差，人际关系仍然相当不自然、不和谐。

技术为人服务，技术应该不断地适应人而不是要求人去适应技术。智能空间就是在计算无所不在的前提下，不仅要有更加友好的交互界面，而且要建立以人为中心的三维自然交互环境，在这里人的注意力被提高到前所未有的受重视程度，甚至被认为是“最宝贵的计算资源”，这就要求必须彻底逆转人与计算设备的传统交互关系，计算设备应提供符合人类习惯的方式进行交互，其过程就像人与人交互一样自然，可以通过语音、手势、姿态、动作、表情等多通道进行交流、完成操作、达成目标，而人无须特别训练甚至根本不需要训练。自然交互的理念是“给人自由”，比如在智能手机上经常见到的触笔输入，人在用触笔写字时，注意力总是集中在写字任务本身，而没有过多地意识到触笔工具，甚至忽略触笔的存在以至于到达“忘了”的程度，较好地体现了人本位的交互设计思想。智能空间的自然交互将突破传统交互的时空局限性，从单一的人机交互发展到“人境交互”（人与环境的交互）、“人际交互”（人与人的交互），为更有效率地完成计算任务提供多渠道集成的信息交流和协作。自然交互要求计算设备能接收和识别来自人的多通道、非精确的交流信息，例如，感觉通道的视觉、听觉、触觉、嗅觉、味觉等信息，效应通道的表情、动作、手势、姿态等信息，以及手写或口音的模糊输入信息等；更高级的计算设备还应该具备听、看、说和感觉的能力，甚至具有情感。微软的创始人比尔·盖茨曾预言，计算机毫无表情的时代即将结束，21 世纪是情感计算机大行其道的时代。情感计算机就是要让计算设备具有感知、理解、模仿人类情感特征的能力，以提高与人交互的自然性和高效性。

自然交互涉及的课题范围非常广泛，例如，机器学习、计算机视觉、声音探测与识别、手写输入与识别、自然语言理解、非精确信息表达、自发交互、情感获取、情感识别、情感建模、情感模拟等，终极目标是让计算设备人性化、智能化——这意味着人甚至可以隐性地与环境设备进行交互。例如，自动门就是一个简单、实用并符合自然交互理念的典范，自动门利用红外传感器探测出人的接近状态，然后自动开门或关门，交互过程中人并没有显性地表达“通过”需求，开关门服务在平静的状态下自动完成。

### （八）并行多样

在智能空间，人机之间将是透明的“一对多”关系，一个用户可能会同时面对数台甚至数十台计算设备，要处理来自多个通道的信息，用户注意力成为稀缺资源，系统必须提供有效的多任务或多进程同步执行机制，提高计算设备自动完成低级任务的效率，使用户注意力更多地集中在高级智能分析和需求目标本身，而用户不会察觉到在所处环境中有许多计算设备在同时为自己服务。①

智能空间的服务功能往往是在异构的环境条件下完成的，不仅有异构的操作系统，而且有异构的硬件平台和网络通信，同一个服务功能在不同的环境条件下表现出多样性的特点，需要适应不同的平台、构件、协议、交互方式和协同对象

---

① 梁林勋，杨俊杰，楼志斌．基于智能空间的变电站机器人复合全局定位系统设计［J］．电测与仪表，2018，55（24）：100－105.

等。例如，一个为用户提供音乐欣赏的娱乐服务，随着用户所处环境的变化，可以分别根据家庭电视、随身电脑和可视眼镜三种设备的屏幕尺寸，自动适应以播放用户喜欢的音乐曲目，而传统方法是开发三种独立的应用以分别满足用户需求。因此，如何融合多种技术、屏蔽资源之间的异构性，建立一个统一、开放、可扩展和支持互操作的分布式应用架构，并且各种资源之间可以通过多种方式保持良好的相互连通，使计算服务不因异构平台的复杂而增加新的复杂度，不因通信方式的多样而降低信息交换的效率，是设计者必须要面对和解决的问题。

**（九）可伸缩性**

智能空间中，人、机、环境三者之间相互影响的强度大大提高，允许多用户存在和并发访问，更增加了系统的复杂性，传统的为每一类需求精确设计一种实现方式的开发模式已不再适用，特别是在资源、需求或时空环境频繁变化的时候，系统应根据上下文动态地重构，提供可伸缩的服务。例如，当资源丰富时，通过对资源的动态重组形成较复杂的应用系统，为用户提供更精细的高品质服务，而当资源较少时仅提供基本的标准服务。一个配置了照相机和摄像机的智能小区，添加红外感应仪后，其监控服务的时空范围和品质应自动得到扩展和提升。

## 三、智能空间的设计与发展

智能空间是一个开放性和复杂性都很高的系统，建立一个区域性的智能空间需要考虑以下十大设计原则：一是用户层面——自然交互原则；二是设备层面——不可见/平静原则；三是环境层面——上下文感知原则；四是通信层面——人、物、环境网络化原则；五是系统层面——自适应原则；六是结构层面——可伸缩性原则；七是计算层面——普适原则；八是安全层面——可靠性原则；九是隐私层面——授权可控原则；十是能耗层面——最小化原则。

智能空间的参考设计框架，分应用层、自然交互层、软件基础架构平台层、通信网络层和感知层共计五个层次，每层都对上一层屏蔽掉本层及以下各层的实现细节，各层之间通过标准接口保持良好的适应性和自动配置能力，在此基础上使整个系统具备强健的伸缩性和安全性。某些特定服务（例如自动门开关服务），上下文感知的信息经过通信层后，可以不经软件处理，由自然交互层直接传递到应用层输出结果，所以在通信网络层和自然交互层之间也有标准接口。

建立智能空间的一个重要前提是必须对区域空间的属性进行准确的定义和描述，空间性质不同，提供的服务不同，实现方案也不尽相同。每个具体的智能空间都具有特定的地理和文化特质，对智能空间区域的认知还在不断深化，内容涉及区域的地理位置、常规事件时域特征、数据流、知识库等。根据区域的私密性可分为个人智能空间（如家庭住宅）、公众智能空间（如博物馆）；根据区域的可移动性可分为固定智能空间（如商场）、移动智能空间（如公交车）；根据区域的受控方式可分为军事智能空间（如军营/武库）、监控智能空间（如油库/监狱）等。这些根据不同概念定义的分类对未来智能空间系统的开发、设计具有重要意义。本书根据区域空间的用途属性，对智能空间进行如下分类，供设计参考。一是家居空间：住宅、别墅、宿舍等；二是办公空间：办公室、会议室等；三是教育空间：教室、图书馆、实验室等；四是运动空间：体育馆、健身房、射击场等；五是娱乐空间：歌厅、舞厅、剧院等；六是休闲空间：花园、公园、植物园等；七是餐饮空间：餐厅、酒店、咖啡馆、茶馆等；八是交通空间：车站、机场、码头、公交车内等；九是医疗空间：医院、诊所、疗养院等；十是其他空间。

智能空间的区域边界与物理空间的区域边界有密切联系，两者具有部分重叠关系，但是与物理空间区域边界不同的是，智能空间的区域边界是模糊的、非一成不变的，随着计算资源的增加/减少、设备性能的改善/降低，智能空间的区域范围也会扩大/缩小。这种变化彻底打破了物理空间的有形界限，使智能空间能够更灵活地根据环境和服务的变化而变化，更灵活地与其他空间交互——这种交互甚至可以与距离、时间无关，这是物理空间所不具备的。

关于智能空间的研究方兴未艾，目前大多数开发都处于初级阶段，即以某个特定用途的独立区域空间为研究对象，有学者把这一阶段定义为独立智能空间系统阶段，这个阶段的研究重点是自然交互的接口、计算模块的通信与协作等。部分研究进展较快的项目开始关注对大量移动设备的支持，即智能空间的第二个阶段——基于游牧计算的智能空间系统，研究重点是设备与环境的自发交互、异构通信、计算资源的优化管理等。还有少数机构的研究进入了智能空间的第三阶段——复合型智能空间系统，虽然有学者指出将来不太可能存在一个全球一统的智能空间，但是若干独立的智能空间系统经过组织、联合，构成空间区域较大、系统结构较复杂、应用服务较丰富的复合型智能空间或智能社区，是完全可行的。例如，一个大学可以把办公楼、宿舍楼、体育馆、图书馆等独立智能空间系统整合成一个复合智能空间系统，并最终演化为数字地球的重要组成部分，为师生提供“随时、随地、随需”的全方位计算服务。

以互联网和物联网为基础的智能空间，不是一般意义上的智能信息环境，而是代表着一种新的生活方式、空间结构和价值观念。从系统论角度看，智能空间是一个通过信息流、能量流、物质流产生负熵维持平衡的耗散系统。智能空间将创造出一系列新的游戏规则和运作机制，从而使其本身具有某种独立的功能和属性，成为一种虚实结合的新实体和新的权力空间。随着智能空间逐渐推向实用，未来将有成千上万个独立的智能空间，各自发挥作用并在不同程度上建立一种相互联系。人们成为时时刻刻被智能空间包围的电子公民，享受智能空间服务所带来的便利。

# 第二节　智能尘埃

## 一、智能尘埃的概念

智能尘埃的概念由美国加利福尼亚大学（Berkeley 分校）的克里斯·皮斯特教授于 20 世纪 90 年代中期提出，1998 年在美国国防部先进研究计划署的资助下，皮斯特教授组建了一个小组专门负责智能尘埃的研究，并于 1999 年推出了直径在 5mm 之内的智能尘埃，并获得初步成功。学术界把体积相对较大、功能相对更丰富的智能尘埃称为 Mote，其英文含义也是微粒之意。

简单来讲，智能尘埃（Smart Dust）由可以飘浮在空气中的微小传感器组成，它能将测量的数据反馈给电脑。专业地讲，智能尘埃是采用 MEMS 技术的传感器，可以在几毫米宽度范围内进行温度、振动、湿度、化学成分、磁场等参数的测量。智能尘埃实际上是一种具有计算和通信能力的微型无线传感器，由微处理器、存储器、无线接收装置、电池和传感器件和应用软件组成，能够收集多种类型的数据（取决于传感器类型）并进行适当计算和传输，可以大量运用到各种环境中，在无人工干预的情况下完成监视或探测任务。智能尘埃极大地拓展了人类的感知能力，被认为是对未来社会产生重大影响的革命性技术之一。

智能尘埃将首次在工业和农业领域中崭露头角。在过去几年，物联网的概念已出现一些分支，一个分支是商业物联网，包括家居、汽车、电气、电视等；另一个分支则是工业物联网，包含生产、运输、基础设施等。国际著名公司如 GE、IBM、日立等已经占据该领域的领先地位。可以肯定地讲，智能尘埃将在后续的物联网中获得首次应用。智能尘埃可以提供实时精确的监控数据，将实现农业领域、温室、仓库、制造工厂、运输系统的转型。人类利用智能尘埃勘测新行星的地形地貌、监控相邻区域或战场，精确计算臭氧波动来进行天气预报，以及监控地球深海的神秘世界。智能尘埃为人类带来了解世界的最佳机会。

## 二、无线传感器网络

与传统的传感器相比，智能尘埃不仅能监测对象，还具有体积小、功耗低、可计算、可通信、自组织等特点，特别是自组织能力——以随机投放形式部署的大量智能尘埃，通过自组织能够形成一个毫米级感知、计算和通信的分布式无线传感器网络（WSN：Wireless Sensor Network），抗毁性强、监测精度高、覆盖区域大，可以不受时间、地点和环境的约束，利用智能尘埃（WSN 节点）的协作对目标区域和对象进行 24h×7d 的无间断实时监测，因此具有广阔的应用前景和发展潜力。WSN 将成为智能空间的重要组成部分。

基于智能尘埃的无线传感器网络是第四代传感器网络。根据梅特卡尔夫定律，一个网络的价值同网络节点数量的平方成正比，N 个连接能够创造 N×N 的效益。所以 WSN 通常包含大量静止或移动的智能尘埃——网络节点（数量比一般网络的节点数量要大几个量级），以达到倍增网络效应的目的。WSN 具有低功耗、易部署、适应环境、可扩展性强等特点；但也由于智能尘埃本身技术特点的限制，WSN 的存储容量、计算能力相对较弱，并且因为智能尘埃的移动性强、更换率高、故障和断电频繁，在自组织的作用下，其网络拓扑经常发生变化。WSN 是无中心网络，所有节点的地位平等，没有预先指定的中心，各节点自动组网，少数节点出现故障不会造成整个网络瘫痪，可靠性（或容错能力）很好。另外，WSN 与一般网络最显著的不同是 WSN 以数据采集、计算和通信为核心（一般网络则以传输数据为主要目的），基本功能包括能量管理、移动管理和任务管理。能量管理负责有效利用能源、降低功耗。移动管理负责监测和注册节点的移动，维持路由。任务管理负责平衡和调度在给定区域的传感任务，根据能量水平决定哪些节点执行传感任务。所以，建立 WSN 不能简单沿用一般网络的实现方案，必须重新设计。

物理层：主要工作是激活无线收发装置、检测信号、选择频率、调制、加密、数据收发等工作。减小能耗、适应环境信号传播特性是物理层设计的关键。WSN 通信具有距离短、功耗小、速率低、成本少的特点，IEEE（Institute of Electrical and Electronic Engineers）无线个人区域网工作组的 IEEE802.15.4 协议标准比较适合。该协议定义了两个物理层标准，分别是 2.4GHz 物理层和 868/915MHz 物理层，两者都基于 DSSS（Direct Sequence Spread Spectrum，直接序列扩频），使用相同的物理层数据包格式，区别在于工作频率、调制技术、扩频码片长度和传输速率。其中 2.4GHz 频段的物理层可提供 250Kb/s 的数据传输率，适用于高吞吐量、低延时或低作业周期的场合，869（欧洲）/915（美国）MHz 频段的物理层分别提供 20Kb/s、40Kb/s 的数据传输率，适用于低速率、高灵敏度和大覆盖面积的场合。

在 IEEE802.15.4 的基础上，Zigbee 联盟又推出了性能更适用 WSN 的 Zigbee 标准，该标准的传输带宽虽然没有 Wi-Fi 和 Bluetooth 大，但由于采用低数据传输率、低工作频段和容量更小的堆栈，并且设备的 Zigbee 模块在未使用的情况下还能进入休眠模式，整体功耗极低，很快成为 WSN 主要遵照的标准。Zigbee 使大量部署的微传感器之间能相互协调实现无线通信，这些微传感器只需要很少能量，以传感器接力的方式发出数据，效率非常高。Zigbee 节点的通信距离可以从标准的 75 米到扩展后的几百米甚至几公里。

### （一）链路层

用于建立可靠的点到点或点到多点的通信链路，实现数据流的多路复用、数据帧检测、介质访问、错误控制等功能。链路层最重要的是介质访问控制（MAC：Media Access Controller）子层。WSN 的 MAC 在分配信道的同时还要保证系统的能耗最低，现有的 MAC 多为 QoS 和带宽效率导向，不能直接采用。WSN 常用的有三种 MAC 协议。

1. 传感器协议（SMAC：Sensor Media Access Controller）：通过调配节点的休眠方式来有效地分配信道。

2. 分布式能量感知协议（DE-MAC：Distributed Energy-aware MAC）：采用周期性监听和休眠机制，避免空闲监听和串音，有效减少能耗和增加网络的生存周期。

3. 协调设备协议（MDP：Mediation Device Protocol）：为大规模、低占空比运行的节点提供不需要高精度时钟的可靠通信。

### （二）网络层

WSN 节点高密度地分布于环境中，在节点之间需要特殊的多跳无线路由协议，有两个关键。首先是数据路由的能量效率导向设计，数据路由的基本功能是确定最佳路径和通过网络传输信息，能量效率导向的路由方法有：最大可用能量路由、最小消耗能量路由、最小跳步路由及最大和最小可用能量路由等。其次是以数据为中心，WSN 节点广播数据公告，等待请求，要求 WSN 能脱离传统网络的寻址过程，快速有效地组织起各个节点的信息并融合，并提取出有用信息直接传送到应用。网络层还负责 WSN 与外部其他网络的连接，由 Sink（汇聚节点）完成，Sink 是具有接收发送功能的传感器节点，发挥着类似 WSN 网关的重要作用。WSN的路由协议分为平面型和层次型两种。

### （三）平面路由典型协议

1. Flooding，泛洪协议，不要求维护网络的拓扑结构，并进行路由计算，接收到消息的节点以广播形式转发分组，比较传统，缺点是容易产生数据爆炸和数据重叠；

2. SPIN（Sensor Protocol for Information via Negotiation），信息协商传感器协议，以数据为中心的自适应路由协议，通过协商机制解决Flooding路由中的“爆炸”和“重叠”问题，节点之间通过协商确定是否有发送信号的必要，并实时监控网络中的能量负载来改变工作模式。SPIN是一种周期性协议，每隔一定时间，传感器节点就会采集一次数据，并启动数据协商过程，把数据发送出去。

### （四）层次路由典型协议

1. LEACH（Low Energy Adaptive Clustering Hierarchy），低功耗自适应按簇分层协议，以循环方式随机选择簇首节点，将全网络的能量负载平均分配到每个传感器节点，从而达到降低网络能源消耗的目的，可以将网络生命周期延长15%；

2. PEGASIS（Power Efficient Gathering in Sensor Information System），由LEACH发展而来，只有最为邻近的节点才相互通信，节点与Sink轮流通信，当所有的节点都与Sink通信后，节点再进行新一回合的轮流通信，该路由协议能显著降低功耗，网络生命周期约是LEACH的两倍。

### （五）传输层

传输层主要负责数据流的控制和维护。由于WSN的数据传输量通常情况下并不是很大，用户数据报协议（UDP：User Datagram Protocol）可以是一种选择。UDP是无连接协议，有传送需求时就简单地把数据打包并尽可能快地发送到网络上，而且不需要维护连接和收发状态等，数据报开销相对较小，吞吐量只受生成数据的速率、传输带宽和收发端性能的限制，比较适合无特殊要求的WSN数据传输控制。传输控制协议（TCP：Transmission Control Protocol）是基于全局地址、面向连接的协议，数据传输过程中的确认机制大量消耗存储器，更适合对传输可靠性有高级要求的WSN。

### （六）应用层

在开发中，有三种可能使用的协议。

1. 传感器管理协议（SMP：Sensor Management Protocol），实现的管理任

务包括引进数据融合、基于属性命名和节点分簇规则、交换定位相关的数据、节点时间同步、移动节点、节点接通和切断、查询网络配置和节点状态以及重构网络、数据通信中的身份鉴别和密钥分配以及安全保障等，SMP使底层软硬件对于WSN管理透明。

2. 任务分配和数据公告协议（TADAP：Task Assignment and Data Advertisement Protocol)，为应用软件提供高效的界面进行消息传递，方便底层运行。

3. 传感器查询和数据传递协议（SQDDP：Sensor Query and Data Dissemination Protocol)，为应用软件提供界面以支持查询和对查询的响应、反馈、收集等。

WSN的研究、开发和应用才刚刚起步，除了智能尘埃自身的设计、投放、定位时钟同步等问题外，还面临着诸多挑战。例如，在有限的通信能力条件下，如何高质量地完成数据查询、分析和传输；在有限的计算能力条件下，如何设计和使用能量效率导向的高性能分布式算法；在有限的能源条件下，如何实现能源均衡以最大延长网络的有效工作时间；在传感器节点大量、大范围部署的条件下，如何开发软硬件，使网络具有良好的可靠性、容错性和安全性；在节点移动、断接频繁、多源多跳的传感器网络环境中，如何设计自适应的路由算法并建立优化的通信路径等。

## 三、智能尘埃的关键技术

智能尘埃的出现是应用需求不断驱动传感器向微型化、网络化发展的必然结果。而微电机系统技术、自组织网络技术、低功耗通信技术、低能耗传感器技术的逐渐成熟和集成应用，为智能尘埃最终走向实用化铺平了道路。①

### （一）微电机系统技术（MEMS）

微电机系统技术（MEMS：Micro Electro Mechanical Systems）的概念最早于1959年就已被美国著名物理学家理查德·费曼提出。虽然限于当时的技术水平，费曼“按人的意志安排一个个原子”的微观设计思想并没有引起足够的重视，但1987年随着MEMS学科的诞生并发展至今，微电机系统技术已广泛应用在国防军事、航空航天、信息通信、电子娱乐、工业制造、生物工程、环境保护

① 沈焕焕，刘利刚，郭永久．基于多元智能理论的儿童室内活动空间设计探析 以中国宋庆龄青少年科技文化交流中心蒙空间为例［J］．室内设计与装修，2022（03)：122—123.

以及交通、食品、医疗等社会生活的各个领域，受到各国高度重视，被视为21世纪最有影响的科技热点之一。

MEMS是一种加工尺度量级从微米到纳米的先进制造技术，其出现和发展与集成电路（IC：Integrated Circuit）微细加工技术密切相关。IC使电子组件微细化，MEMS使机械组件微细化并且结合IC形成极精致的、具备传感和通信甚至计算能力的微电机系统。MEMS集微型机构、微型电源、微型传感器、微型执行器、信息处理、通信控制等于一体，技术高度融合，涉及电子、机械、材料、光、力、热、生物、自控等多学科领域，将成数量级倍数的提高应用系统的功能密度，极大地促进了微型化、集成化电机产品的开发应用，因此各国对其研究和产业化高度重视，都希望通过MEMS“小机器”来启动产业发展的“大机遇”。

在MEMS特征尺寸条件下，随着表面积与体积之比增加，尺度效应和表面效应开始发挥作用，在宏观领域可以忽略的粘力、静电力、表面张力等，在微观领域将起主导作用；微机械的物理化学特性、微流体控制、微热传导、微摩擦学、微测量学等均需纳入重要研究内容。此外，微机械组装和封装技术、微结构设计数据库、微系统建模等也都是MEMS的技术瓶颈，必须突破。

MEMS器件是微型化、集成化的，具有体积小、重量轻、能耗低、效率高、灵敏精确、可批量生产等特点，虽然其制造加工可相当程度地沿用IC制造加工技术，但是由于MEMS器件的材料要求更高、运行环境更复杂，故其制造加工的难度也更高，必须采用一些新的专用技术。MEMS的制造加工技术主要有三种类型：

1. 以美国为代表，基于IC加工技术的硅微加工技术，优点是可与传统工艺兼容，适合廉价批量生产；

2. 以德国为代表，LIGA加工技术，优点是能制造出三维精细结构器件，深宽比大，用材广泛；

3. 以日本为代表，基于传统机械加工方式的精密加工技术，优点是兼容性好，并可根据实际需要灵活选择超精密加工或特种微细加工。

目前已进入商品化的MEMS器件主要有陀螺仪、微型泵、麦克风、流量控制器、压力传感器、加速传感器、汽车安全气囊等。

### （二）自组织网络技术（SON）

自组织是指在一个系统内在机制的驱动下，自发地从简单到复杂、从无序向有序发展的过程。自组织意味着系统渐进地具备某些结构和功能，可以达成某些特定目标。如果一个通信网络具有适应性结构，并且实体节点之间能进行简单的局部交互，就可以称作一个自组织网络。自组织网络（SON：Self Organizing Network）的起源与军事应用需求有着直接联系。20 世纪 70 年代，美国军才提出了分组无线电网络（PRNET：Packet Radio Network）的概念，希望在恶劣的战场环境下，能快速部署一种安全可靠、自组成网、抗毁性强、适应性强的通信网络。PRNET 的研究迅速促进了自组织网络技术的发展，随着高速宽带无线通信技术的成熟，自组织网络将成为未来无线通信的重要方式之一。

自组织网络的工作环境具有区域范围大、环境因素复杂、通信不对称、无人工干预、节点随时移动等特点，所以设计上需要考虑以下几个基本原则：

1. 局部行为原则，即每个节点仅对网络存在局部认识，仅与其邻居节点交互；

2. 自动发现原则，即每个节点根据对周边邻近环境的主动判断来获得对自身职能和局部网络的认识，并可随时根据实际情况进行自动调整和配置；

3. 自动愈合原则，即单个节点出现故障时，邻近节点能够重新网络拓扑并通过多跳路由维持通信畅通，网络整体不会受到灾难性影响；

4. 自动组织原则，即网络节点部署完毕后，无须人工干预即可快速自动组网，网络运行不依赖任何预设的固定网络设施。

自组织网络有两种结构：一种是平面结构，又称对等式结构，所有节点的地位平等，网络配置比较简单，但每个节点都需要知道到达其他所有节点的路由，由于节点的移动性，维护路由和管理网络需要大量的控制消息，网络规模越大，开销就越大，所以网络可扩充性较差，规模受限；另一种是分级结构，网络划分为很多簇，每个簇由一个簇头节点和多个成员节点组成，簇头负责簇间的业务交互。如果簇头之间通过网关节点通信，则簇头和网关就形成了虚拟骨干网。在分级结构中，若所有节点使用相同的通信频率就是形成单频分级，若不同级别的节点分别使用不同的通信频率，高级节点同时在多个级别有多个通信频率，就形成多频分级。分级结构易于实现节点的移动性管理并保障通信服务质量，可扩充性好，适合网络规模要求比较大的应用。

典型的自组织网络有无线传感器网络、移动自组织网络、自组织覆盖网络。无线传感器网络是一种把微型传感器节点分布在给定区域的无线通信网络，每个传感器节点具有一种或多种环境感知能力和简单计算能力。移动自组织网络（MANET：Mobile Ad-hoc Networks Working Group）是一个基于多跳路由和临时拓扑结构的自治系统，能够在无基础设施的情况下进行无线通信，用户终端可以在网内随意移动而保持通信。自组织覆盖网络是在互联网中广泛应用并且对互联网性能产生重要影响的一种虚拟网络形式，网络节点具有数量大、动态、异构等显著特征。

自组织网络的主要特点是：

1. 无中心化——没有绝对的控制中心，任何节点既是终端也是路由；

2. 自组织性——无人工干预和任何预置设施，自动组成结构优化的网络；

3. 动态拓扑节点移动性强，网络拓扑随时可能发生变化并很难预测；

4. 多跳路由——单节点覆盖范围有限，利用中间节点转发完成远距离通信；

5. 带宽有限——底层为无线传输技术，并因节点之间对信道的共享竞争而产生信号的衰减、冲突和干扰等，实际带宽远小于理论带宽。

自组织网络本质上是一种通信系统，对适应性、强健性和抗毁性要求很高，设计良好的自组织网络一般不会发生系统突然崩溃的灾难，与任何通信系统一样，有效性、可靠性和安全性是自组织网络的重要性能指标。有效性是指用尽可能少的信道资源传送尽可能多的信源信息；可靠性是指抵抗通信干扰的能力；安全性是指传输过程的数据安全和保密性能。这些指标涉及高效的媒介访问控制协议、能量效率导向的多跳路由算法、与异构网络的融合、低成本条件的高速数据传输方法等研究热点。安全性较差是自组织网络的一大缺陷，因为采用了无线信道、有限电源、分布式控制等技术，非常容易受到窃听、入侵、干扰等攻击，需特别重视。

### （三）低功耗通信技术

智能尘埃执行通信往往要比执行计算消耗更多的能量。由于智能尘埃的电源能量有限，投入部署后不便经常更换，但又要求能持续较长的有效状态，所以对通信的基本要求是低功耗。选择合适的无线通信方式是低功耗通信的关键因素之一。Wi-Fi 功耗过高不宜采用；红外通信虽然功耗低，但具有方向性；Bluetooth 功耗较低、传输速率高，距离只有 10m 左右，不是最理想选择；Zigbee 虽然传输速率不高，但功耗低、复杂度低、成本也低，并支持地理定位功能，比较适合。应用方式也是影响通信功耗的主导因素，为了有效降低功耗，一个常用的设计原理是对节点的工作状态进行区隔，例如，发射、接收、空闲、休眠等，其中收发状态、休眠激活状态的耗能最多，如果能够让收发模块和微处理器处于多数时间休眠、少数时间激活状态，就能明显地降低通信系统的整体功耗。一般利用监听了解各功能模块的状态。有两种典型的监听方式：

1. 周期性多跳监听，设置周期性采样的时间间隔来减少主机和通信模块的激活工作时间，例如，每 100 秒激活 10 秒，就可减少 90％的能耗；

2. 低功耗监听，增加监听频率，把每 100 秒监听 10 秒变成每 300 微秒监听 30 微秒，这样可以在监听不到任何信息的时候让无线收发器处于休眠状态，并且能够在传送 1/3 位信息的时间内唤醒。有试验表明，当两种方式同时采用时，能够显著地降低通信功耗，使电源可持续工作至少 1 年。

多个邻近的智能尘埃节点经常会采集到基本相同的信息，发送这些冗余信息增加了很多不必要的通信负担。利用数据融合算法，比较和筛选冗余信息，减少通信数据量，也是比较有效的低功耗通信方式。智能尘埃低功耗通信技术的研究才刚刚起步，在功能不明显减弱的情况下，最大地延长电源工作时间，信道竞争、低功耗总线、动态电源转换和电源管理等都是关键，需要一一攻克。

**（四）低功耗传感器集成技术**

智能尘埃的部署具有数量大、分布广、环境复杂等特点，维护十分困难，系统设计大多采用一次性使用的方案，电源一般是不可更换的内置电池。虽然环境中的自然能量（如太阳能、振动能、电磁能等）也可以用来补充电池能量，但是电池的可充电次数是有限的，而且频繁充电会大大缩短电池使用寿命。智能尘埃需要长期在无人值守的情况下工作，为了最大限度地提高其服务期限，低功耗成为智能尘埃设计的设计准则之一。同时，低功耗设计也符合环境保护、绿色电子的要求。

为了降低功耗，采用节能的运行模式很重要，意味着只有在需要相应功能的时候才开启部分电路。智能尘埃的工作模式有睡眠、空闲、接收和发送四种，睡眠状态功耗极低，仅在微安数量级，如果能有效地降低占空比（收发时间与睡眠时间的比值），使智能尘埃大部分时间处于睡眠状态，偶尔被唤醒快速完成任务，再重新进入睡眠，可以大幅降低功耗。但是唤醒动作往往消耗许多能量，所以设计合理的状态转换策略是确保睡眠节能机制成功的关键。在系统设计上，电源、微处理器、外围元器件的选择以及电源管理方案对降低整个系统的功耗也起重要作用。电源电压宜低不宜高、时钟频率宜慢不宜快、系统器件宜静不宜动，并尽量相互匹配是比较常见的经验准则。另外，还有一个重要原则是尽量使用软件代替硬件，这样不仅能简化硬件设计，而且因为硬件器件减少，大大节省了能量消耗，对降低系统整体功耗也有重要帮助。在硬件平台确定的情况下，如果软件能减少外存的访问次数，及时响应中断也可以降低功耗。

智能尘埃采用的传感器种类很多，可以监测温度、湿度、光照、噪声、振动、磁场、加速度等诸多物理量，在一个智能尘埃上集成多种传感探测技术是发展趋势。

**（五）微型操作系统：TinyOS**

智能尘埃的操作系统运行在存储空间和电源能量都十分有限的硬件平台上，

现有的大多数嵌入式操作系统不能满足使用要求。为此美国加利福尼亚大学（Berkeley 分校）专门研发了一个开放源的微型操作系统 TinyOS，现已成为无线传感器操作系统的一个标准平台。TinyOS 提供了一个基于事件驱动和任务调度的层次机构，事件是硬件中断，由时钟、传感器或通信器件触发，任务是过程调用，基于排队和优先级抢占的策略执行。

与普通嵌入式操作系统比较，TinyOS 去掉了进程管理、内存管理、虚拟内存等消耗资源的技术，引入了轻线程、主动消息（AM：Active Message）、组件模型（Component Model）等概念。轻线程：可以满足智能尘埃节点并发操作频繁、实时响应快的要求。主动消息：TinyOS 是以通信为中心的微型操作系统，需要可靠、低功耗的通信方式，主动消息在发送消息的同时传送处理该消息的相关处理函数和数据，以便于接收方及时处理消息，从而减少通信量、降低了功耗。组件模型：TinyOS 具有高度的模块化特征，能适应多种硬件并提高了软件重用度和兼容性，程序员只需要关心组件功能和业务逻辑，就可进行快速开发。组件库包括网络协议、分布式服务、传感器驱动程序、数据查询工具等，当系统要完成某项任务时，由调度器负责安排、调用各种组件，高效执行。

TinyOS 本身及其应用都是用 nesC 语言编写的。nesC 是标准 C 的扩展，支持基于事件和任务的并发模型以及组织和命名机制，nesC 程序由主组件和其他组件构成。主组件通过调用其他组件实现应用功能，这些组件具有良好定义的双向接口，多个组件连接起来可以构成一个鲁棒性很高的系统。TinyOS 的代码运行方式为响应中断的异步处理或同步地调度任务，中断代码量约占应用代码总量的一半，因此对中断的优化处理非常重要，减少中断开销可以有效地降低功耗。

TinyOS 的一个重要特点是无线再编程。如果想改变一个无线传感器网络的监控任务，人们只需把在个人电脑上编好的应用程序通过无线方式传输到距离最近的智能尘埃节点，该节点就会重写自己的应用程序，并把同样的程序传输到其他节点，当所有的节点都自动重写应用后，该无线传感器网络的功能就彻底改变，可以执行完全不同的任务。

## 第三节　智能空间系统相对于传统分布系统的特点

智能空间系统是一个分布式的系统，一方面是由于单台计算机的资源限制，系统包含的软件实体需要分布在不同的计算机上；另一方面是由于外来的手持设备需要与基础设施中的设备交互和协作。但是智能空间系统与其他分布式系统相比有着自己的独特性，它需要面对的问题是传统的分布式计算研究面向的场景中不曾出现或不突出的。正是这些问题使得目前提出的一些通用分布式计算平台如CORBA、DCOM、EJB等不适于智能空间的应用，所以我们必须专门开发面向智能空间的软件平台。通过分析国际上已经开发的许多智能空间系统，我们总结出以下几点智能空间系统面对的关键问题。

## 一、系统的动态性

智能空间系统的动态性主要包括以下两个方面，即组成的动态性与结构的动态性。组成的动态性是指系统包含的模块，如有哪些设备、哪些软件实体是经常变化的。结构动态性是指系统各模块之间的关联（Association）关系是经常变化的。

传统分布式系统的组成和结构相对固定，或者说其变化的周期较长，所以系统中可能存在的模块和模块之间的关联一般是各模块的开发人员可以预期的。相对来说，一个智能空间系统的组成和结构将是动态的，而且各种可能的模块之间关联的建立，往往不是开发人员可以预计的。从较长时间尺度上说，用户可以不断地购买新的设备布署到空间中，另外新的应用也会不断实施，而这些设备和应用应无缝地与原有的设备、应用互相操作。可以设想在一个智能家居中，当用户新买了一台微波炉，这个微波炉可以自动地利用家里已有的打印机打印菜谱。从短的时间尺度上说，用户进出一个空间时，所携带的手持设备与环境基础设施中相关设备的关联也随之建立和撤销。智能空间的这种动态性从本质上说是由于智能空间系统是与人们生活、工作的物理空间绑定的，而物理空间不可避免地呈现出动态性。

## 二、交互的自发性

因动态性而来的智能空间系统的另外一个特征是交互的自发性。如果智能空间中各种动态的关联必须由用户自己建立，那么将需要耗费用户许多精力，这是与智能空间对用户注意力透明的目标背道相驰的。所以我们希望智能空间包含的各个模块应该具有自发（Spontaneously）的建立关联并交互的能力。上面的微波炉的例子中，微波炉和打印机的关联就应该是自发建立的，无须用户在微波炉上配置打印机在哪儿的信息。同样，当一个用户的PDA（Personal Digital Assistant，掌上电脑）进入一个智能空间时，这个PDA应该能自动地发现房间内有一个键盘并建立关联，从而使用户可以通过键盘进行更方便的文字输入。与此相对的是传统分布式系统中，不同模块之间的关联往往是用户自己建立的，比如 WWW 系统中，一个 Browser 和一个 WWW 服务器的关联是用户通过键入一个 URL 建立的。

## 三、系统的整合性

传统分布式系统的各组成部分往往具有一个共同的或相近的领域背景，比如一个电子商务系统，其各组成部分一般属于商务逻辑领域，而智能空间系统的组成部分则来自许多不同领域背景。例如，建立一个智能教室，需要远程教育、语音识别、人脸识别、说话人识别、手势识别等不同领域多种模块都需要互相协作。整合性的另外一层意思是，智能空间系统的开发往往基于许多遗留（Legacy）程序，它们事先并不是根据需要相互操作的目的而设计的。

这种跨领域以及包容遗留代码的整合性对软件平台提供给开发人员的抽象模型提出了新的要求，这个模型的好坏直接关系到系统整合的难度。

## 四、无线网带来的特有故障现象

信息空间与物理空间的融合，将导致智能空间大量存在无线联网的手持设备或是嵌入日常器具中的计算设备。而无线网的一个重要特征是暂时性的网络故障将经常出现。一方面，由于环境干扰导致网络的不稳定，另一方面，由于人位置的移动带来的。尽管 TCP 的机制本身可以保证其连接不会因网络的暂时故障而断开，但是，实际上大多数操作系统在碰到无线网不通这种链路层故障时将会导致整个协议栈的复位。

传统分布式系统基本上假设所有计算节点都连在相对稳定的有线网上，对这种情况没有进行特殊考虑，所以一旦碰到这种网络故障，就会导致系统退出或者提示用户连接失败。这种策略是无法满足智能空间的计算对用户透明的要求的。

## 五、设备形态的异质性

智能空间中由于大量手持设备、嵌入式设备的存在，计算设备异质性是一个突出的问题。相对于传统分布式系统中的计算节点一般是桌面计算机或服务器而言，手持、嵌入设备的资源相对匮乏，限制了许多功能复杂、资源消耗大的分布式计算平台的应用，因而必须研究一些轻量级的平台。①

### 六、呈现流（Streaming）特征的多模态接口模块间的通信

智能空间中将大量使用多模态人机接口技术。与传统桌面上的多模态人机交互不同的是，这些接口分布在整个空间中。相应地，相关采集、识别、执行模块将分布在空间中不同的计算设备上，之间需要互相通信以完成用户的动作识别结果的语义综合，同时综合后的结果需要通知给其他模块，以执行某个动作或反馈给用户。这时相关模块间的通信将呈现流的特征：

（一）通信是持续不断的，因为系统需要时时保持对空间中用户的观察，并对他们的动作进行识别；

（二）对时延敏感，这是因为系统需要及时地对用户的动作做出反应，除了每个模块本身包含的识别算法延时要小以外，模块之间的通信延迟也要小；

（三）对时延抖动的敏感，如果时延抖动过大，那么系统对用户本来连续的动作响应将呈现为不连续状态，从而影响用户对系统的判断和使用。

例如，智能教室开发的一个用激光笔操作媒体板上光标的功能就是一个典型的通信呈现流特征的例子，当教师拿激光笔在媒体板上指示时，激光笔跟踪模块需要连续的通知，控制投影媒体板的模块去更新光标位置，如果这里的通信时延抖动较大，则用户将会感觉光标的移动不平滑，影响控制的自如性。

CORBA、DCOM等传统分布式平台中并没有对这种面向流的通信支持予以特殊考虑，所以用于这种场合时往往不能提供令人满意的服务质量。

## 第四节 智能空间软件平台的设计指导原则与已有相关研究

### 一、智能空间软件平台的设计指导原则

为了满足上面分析的智能空间区别于其他分布式系统的特点要求，我们总结了以下几点智能空间的软件平台的设计应该遵循的指导原则，同时可以看出，目前一些分布式计算平台在这个应用背景下的不适应性。

---

① 陈川川．基于智慧城市理念下的办公空间智能设计研究［J］．创新科技，2018，18（11）：81—84.

### （一）应用构造模式

设计一个软件平台，首先需要回答的问题是其面向的应用构造模式（Application Model）是什么。那么什么是适合智能空间系统的应用构造模式是需要讨论的问题。

应用构造模式简单说来大概经历了从单体（Monolithic）程序、客户/服务器模型、组件（或称构件）模型到多 Agent 模型的发展。单体程序只适于单机情况。客户/服务器模型中一个应用逻辑被划分为客户和服务器两层（多层模型 multi-tier，可以说是一种推广），客户通过请求服务器来获得特定的服务，一个服务器可以同时提供多个客户的联入。智能空间中某些情况下可以使用客户/服务器模型来构造应用，但更多情况无法简单地把某些模块对应为客户，而把另外一些模块对应为服务器。比如在我们的智能教室中，语音识别模块既为其他需要用户语音命令的模块发送语音识别的结果，但同时这些模块也需要根据自己所处的不同上下文来更改语音识别模块中的词库，这里很难说谁是客户，谁是服务器了。组件模型则把一个应用看成由一个个组件通过搭积木的方式构成，组件的本质是对象（尽管有人认为组件模型与对象模型有微妙的区别），它封装了状态和行为的实现。目前最流行的分布式计算平台如 CORBA、DCOM 和 EJB 等都是基于组件模型的。多 Agent 模型则把应用的基本单元看成是一个个具有自主性的软件实体，Agent 不仅封装了状态、行为的实现，也封装了行为的激活逻辑。

组件模型和多 Agent 模型都有可能被用来构造智能空间系统，下面我们比较分析两者在智能空间系统中的适用性。

1. 组件是被动的，它需要等待别人的请求才能执行一些动作，所以通过组件模型构造的应用往往存在一个中心的逻辑，由这个中心的逻辑判断什么时候需要调用哪个组件的服务并进行调用。而一个智能空间系统可以提供的功能，往往不存在一个明显的中心逻辑，或是难以用一个中心的逻辑来描述，特别是当空间中有多人存在时。比如 GMD 的 iLand 中演示的一个场景，一个用户可以把自己笔记本上的一个文档，移动到墙壁上的一个等离子显示器上或是另外一个用户的笔记本上，或者相反，这里很难说中心控制逻辑是什么。而多 Agent 模型则直接体现了这种控制逻辑的分散化（Decentralized），每个 Agent 都具有自己的执行进程和目标，它们通过 Agent 间的通信互相协调来完成系统宏观的行为特性。这种分散化的控制逻辑有利于降低像智能空间这样复杂系统的构建难度。

2. Agent 的封装程度比组件更高，它不仅封装了行为实现，还封装了行为的激活逻辑，即 Agent 可以自己根据环境的上下文决定做什么和怎么做。这实际上是有利于适应智能空间的整合性特点的，具体来说就是当开发者需要使用一个不熟悉领域里的一个模块的服务时，由于那个模块往往能自己处理很多情况，这样它就不必要了解很多具体领域相关的细节。比如一个声纹识别模块，在识别时一般需要若干步骤，包括对环境进行采音，对用户进行采音，分析这段音频等，其中每一步都可能因各种原因需要重来。如果按照 Agent 模型，那么封装声纹识别算法的 Agent 可以自己决定什么时候该采音，采的是环境音还是人声，什么时候采音成功了等，这就使得即使对说话人识别领域没有多少了解的开发者，也可以方便地使用这些服务。

3. Agent 间通过语义层次较高的 Agent 间语言来互相协作（Coordination），是基于一种协作的机制，往往不会对一个通信的结果是不是得到执行、何时完成、会返馈什么结果等有很强的依赖（体现在编程上就是 Agent 间通信往往使用异步和非阻塞的方式实现），其耦合程度较低。而组件之间的通信则更多的是以远程调用的形式出现，更偏向于句法层次，倾向于假设这个通信总是能完成和得到一个确定的结果，所以系统往往是紧耦合的。显然对于智能空间这种组成和结构都动态变化的系统，松耦合的系统更具有弹性。

综上所述，从应用构造模式的角度来说，多 Agent 模型是比其他模型更适合智能空间系统的一个选择。智能空间的软件平台应该相应的按照支持多 Agent 应用构造模型来设计。

需要指出的是，我们这里讨论多 Agent 模型更多地是从软件工程的角度出发，而非人工智能。

### （二）协调模型

一个分布式系统可以看成由每个模块之内的计算（Computation）和各模块之间的协调（Coordination）两个正交的部分组成的。其中协调模型对于决定一个分布式系统对动态性的适应度和系统的可扩展性起着重要的作用。Cabri 总结了目前使用的一些协调模型，如图所示。

| | | Temporal | |
|---|---|---|---|
| | | Coupled | Uncopled |
| Spatial (Nam) | Coupled | Direct<br>Odissey, Agent-TCL | Blackboard-Based<br>Ambit, ffMain |
| | Uncople | Meeting-Oriented<br>Ara, Mole | Linda-like<br>Jada, MARS, TuCSoN |

图　协调模型

该图从互相协调的模块在时间和空间上是否耦合对各种协调模型进行了分类（所谓空间上的耦合更准确地说应该是引用上的耦合）。

1. 表的左上角表明了一类引用和时间上都耦合的协调模型，被称为直接协调模型。这里互相协调的模块之间必须持有对方的明确引用（名字或标识符），换句话说就是协调时知道对方是谁的，同时协调的各方必须同时在运行。RPC模型或 Java RMI 就属于直接协调。

2. 右上方是一类引用上耦合，但时间上不耦合的协调模型，称为基于黑板（或称基于邮箱）的协调模型。时间上不耦合指协调各方可以不同时运行，换句话说，这里的消息本身是持久的（Persistent）。各种 Message Queue 服务如微软的 MS Message-Queuing 和 Sun 的 JMS 等都属于这一类模型。

3. 左下方是时间上耦合但引用上不耦合的协调模型，称为基于会议的协调模型，特点是互相协调的各方无须持有对方的引用，各方在一个逻辑的会议空间中通过广播的形式发布消息。比较有代表性的例子是发布/订阅（Publish-Subscribe）模型，各方通过订阅消息组和发布消息到消息组中完成协调任务。

4. 右下方是时间、引用均不耦合的协调模型，称为 Linda 协调模型。这种模型存在一个中心的元组（Tuple）存储空间。所谓元组就是一个有类型的域的名字和相应值的序列。每个模块可以发布元组到这个空间中，除非元组被移走，否则元组会一直存在于这个空间中。一个需要的模块可以在任何时候去这个空间中提取自己需要的元组。应用程序提取 Tuple 时，需要给出一个模板，实际上就是给出希望哪些领域上是哪些值的一个说明，最典型的代表就是 Linda 系统本身，SUN 的 Jini 系统中也包含了这种协调模型。

从智能空间系统的交互自发性和动态性出发，应用上不耦合的协调模型显然更加适合智能空间系统。因为如果使用引用上耦合的模型，则一个新移入空间的设备必须先通过某种查询机制获得需要交互的对方的引用，然后才能交互。由于智能空间的动态性，交互的对方随时可能消失或重新出现，这时需要反复地查询和获取引用，开销较大。

尽管目前的 CORBA、DCOM 等系统也可以实现部分的基于会议（如 CORBA 中的 Notification Service）和 Linda 类型（如 DCOM 中的 Event Store）的协调机制，但处于中心地位的协调模型仍是属于直接协调类型的远程方法调用。

### （三）轻量级（Light Weight）

轻量级指的是支撑平台设计中只引入一些最关键的特性，而把更多复杂的功能放到应用层，用端到端（end—to—end）的方式去实现。这也是 Internet 体系结构在获得成功而 OSI 模型最终只能作为理论使用的主要原因之一。对智能空间来说，轻量级是由于整合性以及手持设备的加入带来的必然要求。

由于智能空间系统的开发涉及各个领域的技术，而这些领域技术的开发者对于分布式计算本身并不一定是专家，所以从实际角度出发，他们希望提供的支撑平台的结构和开发接口应该足够的简单易用。而目前的 CORBA、DCOM 等分布式平台无一不包含了很多复杂的特性，如对象集合、远程对象指针、事务处理、并行控制等等，这么多复杂的特性的存在使得它们的学习变成一个需要付出很多努力的过程。①

同时由于包含了全面而复杂的特性，使其所需资源也较多，限制了这些平台在手持设备中实现的可能（目前也有不少通过提供精简的功能集，而把 CORBA 向手持设备移植的努力，这与我们的思路是一致的）。某种程度上说，目前十分热门的 Web Service 中的一个重要组成部分“简单对象访问协议（SOAP）”可以说正好是工业界对以前过于复杂的分布式对象系统的一种反思。

## 二、已有相关研究

面向智能空间的软件平台是目前国际上对智能空间研究领域的一个重要方向，代表性工作有 SRI 的 OAA、MIT 的 Metaglue 和 Stanford 的 Event Heap 等。我们下面对这些工作进行介绍。

### （一）OAA

OAA（Open Agent Architecture，开放代理体系结构）是 SRI 开发的一个多 Agent 系统，目前已经应用在 SRI 开发的多个智能空间系统中，如 Automated Office、Office MATE 等，我们的智能教室系统在早期也使用了 OAA 作为软件平台。

OAA 与分布式问题求解和 Prolog 语言有着紧密关系。Agent 之间的通信被抽象为提出问题和解决问题的过程，这里的问题用 Prolog 语言中的子句表示。Agent 之间的通信过程模拟了一个用 Backward Chaining 方法求解一个 Prolog 查询的过程。

其中心设有一个 Facilitator 进程，每个 Agent 启动后必须向 Facilitator 注册自己能解决的问题。当一个 Agent 向 Facilitator 提出一个问题后，Facilitator 把

① 姚佳伟，黄辰宇，袁烽．多环境物质驱动的建筑智能生成设计方法研究［J］．时代建筑，2021（06）：38－43.

此问题与先前系统中各个 Agent 注册的能解决的问题进行归一操作（Unification，注意到所谓问题就是 Prolog 里的子句），如果能够归一，表示这个问题能被相应的 Agent 解决，那么归一后的新问题（可能某些变量被绑定）将发送到相应 Agent，相应 Agent 在计算这个问题的答案时（所谓答案就是变量的所有可能绑定），可能会产生成若干子问题，那么它同样地把这些子问题递交到 Facilitator。上述过程递归进行，直到最终返回答案给原 Agent。

从本质上来说，该通信模型就是一种发布/订阅模型，但 OAA 用了比较复杂的方式描述，同时其消息格式基于 Prolog，这些因素使得一般开发者学习 OAA 有一定的困难。

### （二）Metaglue

Metaglue 是 MIT AI Lab 为智能空间系统的开发而专门设计的软件平台，已运用在 Intelligent Room 项目中。该系统与其他相关工作相比的一个显著特点是，其设计和实现完全基于 Java 语言。

从结构上来说，每个参与系统的计算设备上运行有一个 Metaglue Manager Agent，它为本地的其他 Agent 提供服务和管理。另外在全局运行有一个 Catalog Agent，它实际上是一个 Agent 的注册机制，实现了一定程度的按能力查询 Agent 的机制（类似电话黄页号簿）。

从协调模型上来说，Metaglue 之间的 Agent 采用直接协调模型，Agent 通信之前必须获得对方的句柄。通过 Catalog Agent 的帮助，Agent 可以通过描述希望对方具有的能力来获得对方的句柄，这提供了一定的灵活性。获得句柄后，Agent 之间的通信是基于 Java RMI 完成的，但是 Metaglue 对此作了增强，使得句柄所指的 Agent 失效时，系统会尝试重新启动这个 Agent，并保持原句柄的有效性，这提高了系统对智能空间的动态性适应。另外，Agent 还可以向其他 Agent 订阅特定的消息，但这仍然属于直接协调模型，因为消息的订阅者必须持有对方的句柄，而且是直接向对方订阅的，对方产生消息也是直接回调订阅者的。

Metaglue 实现了一定的代码移动性。一个 Agent 启动后，可以描述自己所依赖的一些硬件资源（如需要一个视频采集卡），如果本地计算设备上没有相应的硬件资源，本地的 Metaglue Manager Agent 可以通过 Catalog Agent 找到能提供所需资源的计算设备，并通过与对方的 Metaglue Manager Agent 合作，在对方机器上启动该 Agent。

Metaglue 基于 Java 的策略使其获得了系统的跨平台性，但同时也带来了系统的封闭性。其他语言编写的模块很难集成到这个系统中，第三方的开发也比较困难。这一点在我们同该研究小组的访问交流中得到了验证，目前他们正在考虑脱离对 Java RMI 的依赖。

### （三）EventHeap

EventHeap 是 Standford 为其 Interactive Workspace 项目开发的一个智能空间软件平台。它相对比较简单，采用了 Linda 类型的协调模型。核心是一个称为 EventHeap 的数据存储空间（基于 IBM 的 Tspace 软件实现），不同的应用程序通过往这个数据存储空间中写 Tuple 和提取所需的 Tuple 完成应用之间的协调。与标准的 Linda 类型协调模型稍有区别的是，EventHeap 中的 Tuple 有一个特殊的域是 TimeToLive，一个 Tuple 如果没有被显示地从 EventHeap 中取走，则在该域指定的时间后由系统移走。红色的部分是各种语言版本的 EventHeap 客户端开发接口，应用程序通过它们实现对 EventHeap 的访问。

# 第二章
# 语义网络的建筑空间设计策略研究

## 第一节　语义网络的基础理论

### 一、语义网络

#### （一）语义

语义代表特定的概念，是城市语义网络的“节点”。语义必须处于一定的领域，具有领域性特征，和上下文相关（context）。

从客观上看，语义是事实存在的，有其客观性。同时，语义是客观事实的反映，存在人的因素，需要人的解读，所以又有一定的主观性。城市当中充满了各种语义，这些语义必然依赖特定的环境。

语义是人类通过意识对客观世界能动反映的数据记录，最终表现为符号。符号本身是没有任何意义的，但由于人类赋予了符号以各种概念和含义，符号数据才能够被理解和利用，符号的含义和概念就是本书所理解的语义。结合本书研究的特点，语义在这里存在主观语义和客观语义两种形式。主观语义指人从环境认知过程中赋予了含义的数据，依赖一种与生俱来的逻辑能力形成概念。客观语义指城市相关要素的事实存在，以及要素间的联系，是不依赖人的意志而存在的。

#### （二）语义网络概念

语义网络（semantic network）是一种采用网络形式表示思维知识、描述人类对事物认识的方法。语义网络用节点表示概念，用关系链（或弧）表示概念之间的联系。

有人称这类网络为联想网络，是与人类认知特点相符合的。比如，以神经认知语言学家 Sydney Lamb 为代表的观点认为，人类的大脑并不存在所谓的语言物质或语言实体，所有思维都依赖神经网络的各种连通关系，也就是说人类认知与思考是通过一个网络模式实现的。于是，人类思维、语义网络、城市的具象和抽象形态网络，体现了世间万物超越维度界限的自相似分形的一种系统。本书不去探究这种现象的根源，但这个事实却从存在角度说明了运用语义网络方法的合理性。另外，从图论的观点看，语义网络是一个“带标识的有向图”，这使得语义网络能够运用数理手段解决自身问题，同时也说明语义网络作为一种方法的技术可行性。

语义网络从 1968 年首次被提出，经历了四十多年的发展历程，到了 2008 年，D. H・乔纳森在其专著《技术支持的思维建模：用于概念转变的思维工具》中提出语义网络是帮助人们进行观点表达的工具，并利用语义网络进行了模型构建。

语义网络首先是一种哲学认识论的方法，同时也是一种知识表达和处理的工具，最关键的是语义网络符合计算机数据存储、表示和处理的特点，这一特点成为语义网络作为今后“人机结合”协同工作的优势。本节所研究的内容主要侧重于思维模式和策划方法的结合，进而为计算机实现打下基础。下面是主要的语义网络知识表示与处理系统（如表 2-1）。

**表 2-1　知名的语义网络知识表示与处理系统**

| 系统 | 主创人员或研究机构 |
|---|---|
| SNePS | Shapiro 等/Buffalo University |
| WordNet | Cognitive Science Laboratory，Princeton University |
| LaSIE&LaSIE2 | University of Sheiffield |
| Protégé | Stanford Univeristy |
| KL-ONE | Brachman |
| Desciption Logic | Baader et al |
| DB-MAT | Kalina Bontcheva，G. Angelova/Natural Language Processing Group，Department of Computer Science，University of Sheffield |
| SemanitcWeb | W3C |
| Jcna | HP7 |
| Knoware/NatuaralWiki | Yintang Dai 等/Fudan University，School of Computer Science |
| Sesami | OpenRDF. org |
| Semantic MediaWiki | Open Source |

**1. 语义的组成部分**

语义网络由下列 4 个相关部分组成。

（1）词法部分：决定表示词汇表中允许有哪些符号，涉及各个节点和弧线。

（2）结构部分：叙述符号排列的约束条件，指定各弧线连接的节点。

（3）过程部分：说明访问过程，能用来建立和修正描述以及回答相关问题。

（4）语义部分：确定与描述相关（联想）意义的方法，即确定有关节点的排列及其占有物和对应弧线。

语义网络具有下列特点。

（1）能把实体的结构、属性与实体间的因果关系显示和简明地表达出来，与实体相关的事实、特征和关系可以通过相应的节点弧线推导出来。

（2）由于与概念相关的属性和联系被组织在一个相应的节点中，因而使概念易于受访和学习。

（3）表现问题更加直观，更易于理解，适合知识工程师与领域专家沟通。

（4）节点间的联系可能是线状、树状或网状的甚至是递归状的结构，使相应的知识存储和检索可能需要比较复杂的过程。

**2. 语义关系**

语义网络最核心的部分即为语义关系，它是连接节点之间的动作、属性关系的最重要因素，也是提高语义网络表述的关键。通过语义关系就能表述语义网络中的推理、运算、演绎的能力，所以在建筑设计中，缺乏统一的语义关系，也就缺乏空间组织与功能分区的设计能力，兼顾建筑设计师在平面图设计过程中不同类型的描述，适当构建建筑语义网络关系中常用的几种，用来阐述建筑空间设计过程中的关系要素。

从语义网络的分类中可以发现，语义网络在表达方式上有清晰的特征，对其进行了精确的描述，并对基本概念、基本状态等进行了客观指导。由节点和关系链组成的语义网取代了复杂的语言形式。因此，语义网络的自身优点具有结构性，因为语义网络最初是作为人类联想记忆模型提出的，它强调事物之间的语义逻辑关系，由思维导出图的联想过程。同时，也说明它具有联想性，将各个节点之间的联系通过准确、简洁的方式表示出来，与某一节点连接的线可以清晰地找出下一个节点的语义信息，而不是重新查找就可以得出结果，所以它具有检索性。虽然语义网络就像带有标识的导向图，能够直观地把知识表现出来，但缺乏语义关系的严谨性，并不能实现推理的准确性。语义网络表述知识的方式是灵活多变的，这同时也增加了处理客观事物的复杂度，即使语义网络存在诸多缺点，但将其限定在某一具体领域中，将大大提高其使用程度，优化复杂事物的逻辑统一性（如表 2-2）。

表 2-2　语义网络的语义关系

| 语义关系 | 关系词 | 语义说明 |
|---|---|---|
| 1. 类属关系 | is-a；a-kind-of；a-member-of | 个体与集体之间的关系 |
| 2. 包含关系 | Part-of | 部分与整体之间的关系 |
| 3. 属性关系 | have；can | 事物和属性之间的关系 |
| 4. 空间关系 | On；before；after | 空间与空间的位置关系 |
| 5. 推论关系 | Inferece；if then | 事物之间的相互推导关系 |
| 6. 位置关系 | above；before | 事物与事物的位置关系 |

### 3. 语义结构

语义结构是由语义与语义多重叠加构成的，因而语义结构极为复杂。它不仅存在于二次元空间中，也存在于多维度相互交叉的空间领域中。不仅要划分出若干单一封闭的空间领域，又要考虑不同层次之间的分离空间。对于一个住宅户型图而言，把居住空间用语义网络表述出来极为方便，起居室、卧室、厨房等主要组成部分用语义网络的形式描绘就得出了户型图的语义结构，每个语义结构又表示出它们之间的相互关系，这样就把建筑平面图赋予了语义表达的形式。而这个最初的语义结构由语义单元组成，将建筑空间的包含关系一一描述出来是语义网络的结构特点，这些在建筑空间中最基本的语义单元被称为语义基元。

将建筑空间一元关系相互连通便得到了二元关系结构，单个空间的二元关系可以直接用一个语义单元表示，对于复杂关系可通过一些相对独立的二元组或一元关系组合来实现语义结构的构建。而建筑平面图的布置往往是复杂的网络构造，单一的语义结构并不能说明功能合理与否，因为在建筑平面中要考虑功能分区、流线设计、空间组织等设计优化问题。不难看出，将多个二元语义相同的部分相互替代就构造出多元语义结构，这种结构形式简洁，内容清晰，正是因为灵活的表达形式，多元语义网络结构才得以可行。

## （三）语义网络在建筑空间设计中的表述

凯文·林奇在《城市意象》中提出了满足城市的五个要素：路径、节点、地标、边界、区域。这些语义词正是人们在日常生活过程中对城市的高度概括。可以说这五要素就是城市设计中的语义词。它们之间组成了城市语义网络的基础，也是判断是否具备这五要素的城市发展模型。而在建筑设计中，常常用功能图、气泡图来描述最初的设计构想。所以建筑平面图也是这种构想的有力表述，其表述本身也是抽象化的模式语言。

建筑空间设计同样具有语义网络的特征，以空间节点表示建筑设计中某一空间的概念，如住宅建筑中的起居室、卧室、餐厅、卫生间等，这些建筑空间都赋予其特定含义，从而在语义理解上较为方便。把建筑空间类型进行分类，每一类所包含的语义节点准确给出，接下来用线表示空间（节点）与空间（节点）之间相互连通的路径，这样就可以用这种点与点相互连接的线来表示各个空间区域之间的功能关系。需要强调的是，在这个二元语义网中，空间（节点）和连线的功能位置关系与空间（节点）区域的大小、形状、尺寸并无关联。而试图将空间区域作为各个节点简化理解，是研究建筑空间位置关系的前提所在。也就是说建筑语义网络是在建筑图的基础上对空间进行表述的，不像在建筑设计过程中的“泡泡图”居无定法，其设计的过程也是边修改边设计所带来的烦琐问题。因此，将建筑空间方法中的“泡泡图”问题转化为建筑语义网络图的形式是其最大的亮点。

将建筑语义的表达形式运用到方案设计中是最本质、最快捷的方式，它解决了建筑设计中创作、评价、审美等建筑创作中的共性问题。但无论采用哪种方式表述，建筑语义的表达方式主要取决于其所要描述实际内容的转化关系。从而将具有某类抽象概念或思想情感的建筑语义尽可能地表现出来，而建筑语义最好的描述方式莫过于用图形符号表示，就像象征符号迎合了人们的情感和精神的需求一样，其力量是理性的语言永远都无法比拟的。而建筑平面图本身就是用语义网络中的连线定义为房间之间的连通关系，那么就可以表示出一组建筑语义网络关系网，从而将抽象的建筑平面图赋予语义的特性。同样，作为建筑设计最初构想的“泡泡图”也可以构成语义网络中的抽象图解，进而将空间位置关系得以明确。①

## 二、语义网络与建筑空间设计原理

### （一）图底理论

“图底”一词作为术语，心理学研究、来自视觉心理研究。它正式成为广泛应用的术语是格式塔知觉理论。作为知觉理论，它长期被美术学、设计学、形态学、建筑学、景观学、规划学、社会学应用。在建筑学中，运用图底理论分析建筑和城市空间的关系。在介绍图底理论前，我们有必要对格式塔心理学加以介绍，实际上，图底理论是格式塔心理学在城市设计理论的一种应用。

① 林捷．建筑智能照明控制系统设计探讨［J］．福建建筑，2018（04）：135－140.

图底关系就是图形与背景的关系，是最重要的格式塔组织原则之一。格式塔心理学家通过大量实验发现了图形与背景构成关系的一些规律。埃维加·鲁宾（E. Rubin）发现，一个视知觉通常分为两个部分，即图形和背景，图形通常成为注意的中心，看起来被一个轮廓包围着，具有物体的特性，并被看成一个整体，视野的其余部分则为背景，它缺乏细部，往往处于注意的边缘，背景不表现为一个物体。在知觉中，图形倾向于轮廓更加分明、更加完整和更好的定位，具有积极、扩展、企图控制和统治整体的强烈倾向，而背景则因缺少组织和结构而显得不那么确定，表现为消极、被动，处于从属和被支配地位的态势。图底关系最早是研究城市各自的空间实体模式，通过对城市形体与周围环境的图底关系研究，明确城市的空间形态与空间层级，确定出城市的有效空间。“图”代表着城市的实体，一般包括建筑物、街区、道路或有限定边界的区域实体；“底”意味着城市的虚体，主要体现在建筑入口、广场、公园、庭院等。

人们在感知客观世界时，“知觉野”是一个不停变化的概念，大可以是“经历一个城市”，小可以是“观看一幅照片”，在不同的“知觉野”中都存在着“图形—背景”的主次关系，如果是一个连续的过程，“图形—背景”关系则处于一个相互转化的过程之中。

在“轻装修，重装饰”的今天，界面是淡化的，重视的是离开界面的陈设。陈设相对于界面来说，有更强的视觉感知度，对形成空间气氛起到更大的作用。可以把陈设看作“图”，它由家具、织物、绿植、饰品等组成，它是要表现的东西，位于画面前方。而界面是背景，位于画面后方，并且界面是在一定的室内空间类型、室内空间风格样式下产生的，是在一定的地域文脉条件下产生的，所以说，陈设作为“图”，它以地域文脉为“底”、以不同室内空间类型为“底”、以不同室内空间风格样式为“底”。“底”是“图”存在的环境。陈设设计离不开环境，设计正确与否的论断，它的各种价值的鉴别与判定，也只有将它放到相应的环境中才能完成。整个陈设设计的过程都要受到环境的制约和影响。

将图底关系运用到建筑空间设计中，是研究建筑空间设计虚实的重要方法。从建筑实体与空间位置关系的相互转换，实现建筑为图与空间为底或者建筑为底与空间为图的表达形式，近而研究虚实空间结构的动态反映，在建筑平面图的布局中，如果将使用空间与墙体结构进行图底关系的转化，会发现使用空间中存在的灰色空间，也就是未被开发的使用空间。不难发现，越单纯的使用空间就越形成图，只有当使用空间与空间分隔呈均匀对称分布时，建筑与空间相互连接的图才能获得更好的反转关系，反之亦然。

北京四合院蕴含着丰富的文化与内涵的象征。东、西、南、北四个方向均有住房，进而围合成一个院落，利用图底关系清晰可见院落布局与开间大小的划分极为工整，白底呈现出院落的活动空间，黑图显现出房屋的坐落位置关系，其三进意为三个院落。这样的平面布局规整严谨，却又保持着相互交流的形态，达到点、线、面三者的有机结合。通过图底关系空间位置的判断，分别将黑白空间定义为节点，黑白空间的位置关系定义为语义网络中的连线，构成了北京四合院的图底关系。当我们把语义网络关系链中的语义仅定义为可达次数时，不难看出正房垂花门的可达活动范围次数是居多的，说明在此空间极为活跃，进而我们可以简化为正房、垂花、二门三者之间的语义网络关系图。

当然，对于四合院的立面空间也可以用语义网络关系图表示，从四个立面可以看出各个房间之间的关系组成。通过中轴线剖面就可以清晰地看到整条线上的房间布局。从左到右依次为大门、外院、垂花门、内院、正房、后院、后罩房贯穿于四合院的内外。无论从正房剖面还是厢房侧剖面都可以感受到四合院繁荣的景象。通过图底关系的描述反映出建筑空间设计的特点，这不仅在表达形式上能直观感受，也能在空间形态上给予通俗易懂的理解，而不是避近就远、由此及彼的空间模仿。建筑为图与空间为底或者建筑为底与空间为图的关系转化，为建筑空间设计的语义关系构建了实质性的意义，为下一步的研究工作做好了图底关系的准备，将建筑空间的位置关系得以准确表述，形成了客观表象的研究方法。

法国建筑师让·尼古拉斯·路易·迪朗曾经试图用图示的语言说明各个民族与时代的重要性建筑物，他在书中提到所有的建筑物都可以用统一的比例关系表示建筑的平面图、立面图及剖面图的方法，将结构构件和几何图形组合在一起，归纳总结出建筑形式的基本元素，确立了建筑类型的图示体系。而这种图式体系的形成就是多种图元的组成叠加。简而言之，我们可以把图中的点、线、面看作最简单的几何图元，由此组成图像的基本单元。在建筑语义网络中，这种方法同样适用，语义网络表达出来的图与建筑设计构思的意图不谋而合，我们可以从最基本的图元中寻找答案。从图元中找出解决办法。正如墙壁、柱子是构成建筑的元素一样，同样地，建筑物则是构成城市的元素。研究图元也是为了更好地找到建筑平面布局的本元。在这里去实地挖掘一些基本图元的性质，进而转化为建筑的语义图元，将复杂的建筑平面关系可视化、简单化是寻求空间关系的创新探索。如果要满足上述需求，就必须构建建筑语义网络的图元基础，海因茨·冯·弗尔斯特（Heinz Von Foerster）提议：“建筑语言是含蓄的语言，目的在于引导解释，创造性的建筑空间设计促发创造力、新的洞察力和新的机遇；同时又是认知过程的催化剂，暗示一种道德责任，建筑师和从事负有这类责任事业的任何人都应遵守。”所以，我们从最基本的图元出发，是解决建筑空间平面布局最好的诠释，不仅可以从复杂的建筑设计中抽离出最基本的图元属性，也可以从中获得启发与构思，将不同功能区域分离出来，去研究合理化的构图布局。建筑语言不像其他的艺术形式，只能通过一定的空间和体形、比例和尺寸色彩和质感等方面构成的艺术形象，表达某些抽象的思想内容。每个建筑平面的布置都具有可图性，这就意味着具有图元的属性，以便图的理解和分析。

### （二）连接理论

1986年罗杰·特兰西克（Roger Trancik）在《寻找失落空间》中，从现代城市空间的历史与演变作为例证分析入手，归纳整理并提出了城市空间设计的三种理论，即图底理论、连接理论和场所理论。连接理论，也称为关联耦合理论，要点在于通过城市空间“线”的组织，包括地段边界、交通流线、轴线等，把建筑物与外部空间环境联系起来，目的是组织一种关联系统或是一种网络，建立有序的城市空间结构。特兰西克也指出，连接理论所表达的“连接（linkage）作为组织城市空间要素，塑造城市空间形态”的思想，在槙文彦、黑川纪章、培根等建筑师不同时期的城市设计实践与构想中都有体现。

在建筑空间设计中，影响空间连接的因素很多，但主要作用的因素包括建筑基地红线、建筑物轴线、边缘建筑环境等，在建筑改变空间环境的同时，这些影响因素共同提出一个恒久不变的连接体系。不同的建筑环境都会与周围的建筑物产生联系。日本著名建筑师槙文彦倡导连接是城市与建筑外部空间的最重要特征，以各元素的组成形成一个庞大的整体。正因如此，建筑空间设计被分为组合形式、超大形式、组群形式。组合形式是以抽象的模式组合二维空间平面图中的个别建筑物，在二维空间平面图中连接是内敛而非外显，建筑物与建筑物中存在着一种张力，即空间连接。在连接理论中存在着第二种形式：以一个有层级的开放端将个别空间相互连接成一体的大架构组成的超大结构体系。在这个超大系统中以屋顶作为封闭的内部空间，以大尺度空间包含自身环境特点，由不断积累的元素组成，是许多传统建筑空间的组织形态，它们既发自于内，也非生之于外，而是自然成长集聚的有机、自发性的结构。

槙文彦的三种建筑空间形态皆在强调设计时连接是控制建筑物及空间配置的关键意念，公共空间必须有整体性，在进行个别空间设计之前，应先决定公共空间的组合方式。在建筑组群的布局方式中，都有空间连接理论的运用，建筑群体连接组合的方式多种多样，焦点式的组合是建筑群体内各自围合成向内的空间，以此将建筑空间构图明显化。

## 三、传统建筑设计方法与不足

### （一）循证设计方法

循证设计方法是从医学中衍生出来的一种方法。2009 年由汉密尔顿和沃特金斯出版的《各建筑类型中循证设计的应用》，得出此方法不仅用于医疗建筑空间设计中，还能运用到住宅空间等多种形式的建筑空间设计中。

循证设计是指在设计过程中建筑师与甲方合作，共同认真审慎地借鉴和分析现有的最可靠的科学研究证据，从而对关键的问题做出正确的决策。而在操作过程中不可能所有的决策都是证据，通常情况下我们的证据很少，所以在设计过程中也给建筑师留有一定的余地，以发挥他们的创造力。在操作过程中，首先设计师需要证据，需要从科学文献中取得证据，这个研究也不是说上网百度一下，就是证据了，这个证据来自比较可靠的杂志期刊发表的文章，是被验证过的证据。另外循证设计是一个过程，不是一个产品，是使用多种信息途径来寻求相关的知识和证据的过程。循证设计需要建立一个严谨的“逻辑链”，设计师具备科学辩证的分析思维能力，而证据是经过验证的经验，只有经过科学的论证过程，把经验转化成证据，才可以指导我们循证设计。然而，如果在设计中要查阅大量的数据资料，就增大了设计的流程，增强了设计的局限性。

### （二）空间句法设计

空间句法（space syntax）是比尔·希利尔（Bill Hillier）教授在伦敦大学学院（UCLA）创建空间句法实验室（Space Syntax Laboratory）时所研究的理论，主要研究发展有关空间和人类社会活动之间关系的理论，包括以预测空间平面布局如何影响人类行为类型的计算机软件作为分析工具。笔者认为，空间句法是一种由建筑师开发出来的描述和分析空间的数学方法。

空间句法主要是阐述空间与社会关系的一种理论方法，其中心观点在于空间所带来的附属场所，是社会活动的主要载体。空间句法是英国伦敦大学提出的一种空间量化的分析方法，从而把建筑外部空间与内部空间的隐含意义挖掘出来。此种方法多用于研究建筑空间与城市群体的社会逻辑关系排列。大体思想是，建筑空间可以由各个元素组成，可以按一定规划的形式自行分布，以网络分析图的形式标注出主要节点，并统一将最为突出的节点强调化。在某种程度上讲，它是一种带有语义式的网络关系图，在图中更加关注的是各空间之间的连接性和互通性，进而影响空间设计与布局。此种方法是依靠复杂的方格网络图进行设计的，但缺乏科学性，智能化程度不足，计算难度较为复杂，空间与空间的位置关系较难以描述，具有自身的局限性。[①]

### （三）定量化设计

定量化设计是在计算机数据分析的基础上产生的，是运用科学的设计方法与情感思维交织在一起创作的方法。目前，建筑设计，已不再单凭主观意愿决定设计方案，而是借助系统的定性设计方法来模拟设计过程。其优点第一是由使用者和设计者提出各自的空间设计要求，制定数据表格，并以文字或数据的形式来表述变量；第二是采用观察与取证的方法对建筑空间使用者进行日常行为轨迹的跟踪与调查，作为建筑空间设计的依据；第三是用电脑辅助分析数据，对定量数据的设计过程整合与分析，并将结果用计算机辅助设计出来。此方法并没有自己的语言逻辑形式，对建筑立体空间的设计具有一定的限定性。

### （四）设计缺陷与不足

现代建筑设计更多地依赖现有经验和感性沟通，但种种方法的设计感具有不确定性，以经验丰富谈论建筑设计未免有些牵强。目前更多的建筑师在意的是形式上和造型上的突进，虽然空间句法讨论了空间元素的关系问题，但此方法不能形式化地表达设计思维的全过程。而且，定量而不定性的设计方法对建筑空间进行了功能的划分，对空间使用做了预估，但只是借助计算机手段处理最普通的空间构成，并没有对某一类的建筑空间单独考虑，正如其他的建筑空间设计方法一样：生态设计、模块化设计、一体化设计等都存在着对设计方法的定量化、逻辑化的诸多问题。

其实，建筑空间设计需要探讨的因素很多，因为空间设计本身就是多种复杂问题的糅合，而这个复杂问题恰好需要其相适应的方法加以概括与总结，才能进行有效的梳理分析，并获得更为满意的设计方案。在语义网络图中，可以系统地表示复杂事物之间的内部联系问题，拓展思路进行分析，用相应的表示方法加以梳理与完善，并在未来的建筑设计中把这种语言传输到计算机辅助设计中去，这样可以减轻设计人员的工作压力。作为以语义网络为基础的建筑设计方法，想要打破传统的建筑空间设计必须打破常规设计的缺陷，将每个重要的节点有序地组织起来，就像人类 DNA 的基因编码一样，有序、有度、统一而又富有张力。

语义网络与建筑空间设计之间有着不期而遇的适应性，语义网络最初表示在人类知识的存储上，它以形式化的语言模型定性分析事物的多种表达含义，并用

---

① 黄宇．公共建筑智能温控平衡技术的研究与应用［J］．江西建材，2021（10）：336－337.

于处理复杂事物的方式方法。随着语义网络的不断发展变化，它逐渐拓展到多个领域，例如，在医学上用于研究医学专有名词的知识体系建立，进而将复杂的事物语义化、简洁化，才能让大众读得懂、读得明白。在建筑空间设计中，我们也不难寻找到对建筑、空间、关系三者间的深入研究，在语义网络的基础上建立了空间元，把这种空间元赋予语义逻辑连接词后用一个模型组合来表示对空间设计的描述。故语义网络可以拓展分析相关空间的连接要素，以此得到解决复杂问题的突破口。

## 第二节　语义网络与建筑空间设计方法

### 一、语义网络与建筑空间设计方法

建筑空间设计

**1. 空间营造与发展**

自宇宙大爆炸理论诞生后，空间就以客观的物质形态而存在着，宇宙的空间形态从最初的“单一”空间分裂出众多的空间体态，从而存在不同的形式、状态，它是一个相对的概念，是参照空间存在形式而定义的。人们对空间的认知与判断源自老子的《道德经》，其中有这样一段记载：“三十辐共一毂，当其无，有车之用，埏埴以为器，当其无，有器之用；凿户牖，以为室，当其无，有室用之。故有之以为利，无之以为用。”因此，人们认为没有用是好的。这就告诉我们唯有车、器、室实有部分的存在，才可以给人以方便，所以这个“无”的作用也就不重要了。当时的老子还形象地把用泥土围成的建筑比喻为容纳人活动的容器，而这个容器规定了“量”“形”“质”的特性，这样就构建了有意义的人居空间，也满足了整个社会的物质功能属性和精神需求性。论证了“无”与“有”的关系，说明内部空间的营造才是实体限定的根本意义所在。

（1）从巢居到干栏式建筑空间设计

自旧石器时代至今，人居建筑空间设计的创造从未停止过，如《韩非子》中写道：“在世界上五个书智力残疾，几个人，但人是动物，动物有蛇虫，鼠尾草，树上的巢，以免损伤组织。”从人们走出洞穴、丛林的那一刻起，营造屋室的阶段便由此展开，在“半地穴”的居住方式中发现，北方仰韶文化遗址的建筑已分隔成几个房间，其总体布局整齐有序，这也说明人类真正意义上的“住居”诞生了。历史事实证明人居建筑空间设计总是在一定的历史时期和环境条件影响下应运而生，正因为南方炎热的气候条件才有了架空干栏式的建筑，黄土高坡断岩挖出的横穴才有了窑洞。诚然，长时期的历史演变，地域条件、文化背景所形成的建筑空间设计，更有着自己独特的空间特质。

（2）统治阶级意志下的帝王空间

历史上著名的阿房宫、骊山陵等大型建筑迄今保存完整，其宏大的规模体态，在我国历史上堪称先例。随着木结构建筑技术的发展，自唐代以来就为解决大面积、大体量的空间问题而烦恼，尤其是以唐代建筑艺术与结构的完美统一为主要特点。比如在木构件中以斗拱结构形式最为著称，柱式的形式以及梁的使用等，都令人感受到木构件自身的受力特点与形式的内在结合，并形成了美感与力量的有机整体。色彩简明，屋顶平缓舒展，门窗坚固朴实，给人以端庄大方、体态端雅的感觉。随着木建筑的进一步发展，建筑空间设计的装饰手法和常年陈设留下的砖石、琉璃和硬木等材质，使其建筑空间设计细节得到进一步翔实。例如故宫、圆明园，等等。当然，建筑空间设计形式与造型的表达方式因地域性而存在差异。在12—18世纪期间，在西方社会、政治经济等方面的洗礼下，产生了哥特式、巴洛克和洛可可式等建筑空间设计流派，不仅体现在外观造型上，而且体现在室内空间环境的营造形式上，都达到了古典主义、新古典主义时期最高点，代表作品有圣彼得大教堂、巴黎圣母院、凡尔赛宫，等等。

（3）工业革命后的现代派

在现代工业科学技术发展的大时代、大背景下，勇于探索的建筑师摆脱了以往的矫揉造作，力求建筑内部空间的整体统一和营造风格的特色鲜明。其中“少就是多”的著名空间理论，水平伸展的构图、清晰的空间结构体系以及精准的节点处理，将自由流动的空间置于一个完整的矩形之中。密斯·范·德罗在空间设计中一贯坚持减少主义原则，突出强调了设计简明、结构突出的工业化设计特点，开创了现代空间设计的先例，代表国际主义风格的主流，其中就包括美国建筑大师赖特设计的“流水别墅”。建筑空间设计采用水平穿插、横竖对比的手法，巧妙地利用自然光线充满内部空间，另一位就是高技派风格代表人物伦佐·皮亚诺，他在空间处理上采用新工艺、新技术，其建筑风格充分展现出高技派的机器美学，构建出“高度技术、高度感人”的建筑空间设计。

（4）现代生活需求下降的空间造型

现代建筑内外空间在论述“以人为本”的理念下，形成了种种不同的空间样式，尤其是在以美、日、德为主的空间理念影响下，清晰的建筑主次入口、色彩斑斓的立面装饰、自由活泼的空间间隔，都体现出中国建筑营造形式迈向国际化的蓬勃发展的新时期。因此，在这一时期有了独特的意识形态“鸟巢”——国家体育馆；“蛋形”国家大剧院以及中央电视台办公楼等标新立异的建筑空间设计造型。虽然这些建筑空间设计内部复杂多变，但在结构层次上井然有序，在功能组织上条理清晰。

通过对以上几个不同历史时期的介绍，我们可以看出人类建筑空间设计从未停止，空间艺术营造是继承的呼唤。进而证明，建筑空间设计不是自然而然的，而是受时代、政治、经济、科技共同因素影响的满足人类各种生活需求和时代精神意志下的产物。

**2. 建筑空间设计的基本特征**

首先，建筑空间设计是艺术与技术的双重融合，它以人为本的服务宗旨决定了设计原则的固有性，同时又具有创造性与现实性。但在特定条件限制下，又必须受时间和空间的限制。其次，建筑空间设计过程又必须满足某种特定的需求属性，脱离特定需求的设计本身也就丢失了功能需求目的。最后，空间设计需求具有求同存异性、发散突变性，需要用创造的思维方法处理多种事物的矛盾对立与统一关系。空间设计思维是不断推进的过程，从设计开始到设计完成是一个持续不间断的过程，也是一个特定项目的完成周期。空间设计不是服务于单一对象，而是以功能对象的实现为前提，其意义在于把握时代趋势，营造良好的设计环境，目的是让空间使用更安全，既舒适又美观，将人与自然、人与建筑的关系达到和谐共融的状态。

**3. 建筑空间设计的基本原则**

（1）适用原则

伟大的罗马建筑师维特鲁威在论述建筑时，曾把“适用”这一特性列入建筑三要素之中，其目的就是强调空间设计在建筑中所处的地位。“应用是首要要求，归根结底，它是建造房屋的主要目的。”当然，还包括“坚固”的要求，因为“坚固”的标准首先由“适应”要求决定。随着城市化进程的不断演变，人们日益增长的文化生活需求已经不断提高，建筑空间设计的适用性再一次强调建筑的使用空间，正如路易·沙利文提出的“形式随从功能”一样，建筑必须体现出功能需求的属性，从而适应空间形式的发展。同样，在马克思主义哲学中，把内容与形式归结为辩证统一的基本范畴，认为事物的形式由内容决定。因此，空间适用性作为建造过程中首要解决的问题，确切地说，空间、形体、轮廓、凹凸、虚实、颜色、质地、装饰等要素的集合，与功能的联系并不直接，但功能包含内在意义。值得肯定的一点是建筑空间设计必须满足功能需求的属性。用彭一刚老先生的话说就是“满足功能对空间的规定性”。这种规定性表现明显，主要体现在以下几个方面，一是量的规定性：决定空间适合的大小及容量；二是形的规定性：适合的形状及要求；三是质的规定性：适当的环境条件及质的变化。

（2）持续原则

空间设计要与实际环境条件相适应，要因地制宜，尤其不要人为破坏原有的属性。在《猎人与哲人》一书中，对土拨鼠的择洞而居有这样的启示："靠近谷地，便于取食，临近溪流，便于饮水；绝不靠近树林，那里有天敌；也不靠近乱石堆，那里有另一种天敌蛇。它们把窝建在南山坡上，因为可以享受阳光的沐浴，也可以躲避西北的寒风凛冽。"人类也是如此选择理想的居所，我们建造的家园应是可持续发展的、宜人的人居环境、阳光照度、空气湿度、材料的特性等都是极其重要的。从生态学角度指导总体设计，坚持以人为本，人与自然和谐相处的可持续空间设计准则。

（3）美学原则

建筑空间的美感给人以清新、舒适的环境感受，这种美感是以遵循美的法则不断实现建筑体块变化的。我们就新老建筑建造过程的方式而言，它们都共同遵循着变化统一的规律，但又在形式表现上有着不同的标准与尺度。在当时的古代，许多建筑美学家认为结构简单、形体单一的几何外观可以引起美的感受，尤其是圆柱体、球体等几何体被西方认为是最完美的象征。古希腊朴素唯物主义哲学家赫拉克利特认为："自然趋向差异对立，协调是差异对立而不是从类似的东西中产生的。""自然趋向差异对立，协调是差异对立而不是从类似的东西中产生的。"这就从中启示到在一个有机的整体中，各个组成部分应区别对待。应当有着主与从的关系，有重点与一般的关系，有整体与局部的关系。反之，即使排列有序的物体，也在所难免松散无序。在建筑空间设计实践中，从最初的建筑平面组合形式到建筑立面空间的处理上，从建筑内部空间组织到外部空间布局的协调关系上，从建筑细部装饰效果到建筑单体组群的设计上，都应处理好内外空间的主与从、秩序与排列的相互关系，均衡与稳定也同样重要，主要体现在对称与非对称形式上。从建筑美学角度而言，如果说建筑空间的均衡性主要涉及构建图中各个要素的附属关系，那么上与下、左与右、前与后之间的空间位置关系，则体现单体建筑与整体建筑之间的整合关系。

（4）营造原则

建筑空间设计的独特形式就是通过构造技术结合完美材质表现出来的。当然，在现代化的都市生活中，敢想才能敢做。在现代建筑空间营造设计中，将对比、过度、引导、重复、衔接等一系列的空间设计手法引入实际案例中较为常见，将单独的、个别的空间设计营造成有秩序变化、有统一群组的空间实属不易，从而达到营造的目的性。而这种目的性或给人以庄重、威严和直率的感觉；

或给人以轻松，愉悦和情趣之感。

## 二、语义网络与建筑空间设计的语义基元

建筑学应该是一门以研究建筑空间组合构图为基础的自然学科，其建筑本身就是摆放空间关系的一种构图形式，只为满足改变传统空间观念的存在理由。因此，“设计怎样的空间”和“如何设计空间”是建筑学本身所要探讨的问题。在运用语义网络进行建筑空间设计的分析时，需要建立一个解决建筑空间设计的基本单元，在这个单元涵盖相同或相近的语义基元，把这些语义基元组织起来就成了语义网络，其中包含建筑空间设计中相互独立而又复杂的个体。

### （一）空间元语

我们知道在建筑空间设计的始终，面临着许多复杂的条件限制，那么我们就回到最初的设计问题中，我们以功能区分建筑空间时，常常以“泡泡图”的形式进行空间设计，此时所画的每一个功能圈都会对应一个空间设计想法，而我们将此功能圈命名为空间元就是一种强有力的语义表述。这样在解决复杂空间问题时，我们将其转化成独立单元个体，对空间分析的把握则更有理论依据，也就形成了语义空间元。其实建筑空间设计的最初的泡泡图法就是一种语言的表述方法。其一，建筑空间本身的构成是以独立单元而存在的，复杂多变的空间形式就像语言逻辑结构一样，本身具有构造性的特点；其二，建筑空间描述的构造意义可以解释为通过一类语言而进行的简单逻辑转换形式。为此，我们将逻辑转化形式确立为一种以图示为主的模式语言。在语义网络图中，以此把建筑空间单元个体转化为空间元语，把建筑空间确立为该语义网络形式的构成形态，将不同形态蕴含若干使用功能，把建筑空间设计语义中的原语赋予建筑图的形式，则必然成为建筑不可分割的一部分。当我们在构建建筑空间语义形式时，将设计语言具体转化为空间元素而定性分析所处建筑空间的设计要素。

### （二）空间结构

建筑空间结构决定了建筑空间的使用功能，从古至今，建筑空间形态中，更多地采用围合结构的空间形态，这种空间形态的后期转化为平行排列式结构。我国的建筑空间设计手法中以此例为主，突出建筑的外部空间将附属设施穿插到内部空间，再迂回而成，将建筑外部空间作为统一的整体而划分出来，预示着人们对“内部空间院落”的向往与融合，以展现建筑内部空间“收敛”的设计手法及表达形式，这种迎合建筑空间设计的结构体系构成了空间结构体系。西方建筑则

以垂直交通布局而设定，在空间结构表现上则为“叠加空间”的结构形式，或许这就是西方建筑对空间的阐述，他们更多探讨的是空间感受的存在感和仪式感，只是在空间造诣上略有差异而已。

### （三）空间路径

如何将空间结构的形式转化为可能，这就需要我们真情实感地去体验空间所带来的游走路线，即空间路径。从建筑的内部空间到建筑的外部空间，必然存在着某种关联性。这种联系定义了空间功能的属性，可以说建筑空间设计其实就是对空间路径的一种诠释，如何设计出更符合常规的游走路线，便是设计师不断追求的目标。在空间路径中，我们常常采用垂直式的空间单元，当我们进入某一特定领域空间场所后，也就随机形成了空间的独特造型，相继也有了不同的价值取向。如果把空间结构的选择与运用比作人类基础语言上的语句，那么空间路径则成为语言上的语法，有规矩可循。不难看出，语义词一旦确立，人类语言词汇或模糊世界将不再逆转了。正是对建筑空间路径加以分析后，确立了基础研究语言再加以定性分析后，得到最为有用的价值部分，进而促使建筑空间设计的演变与发展。

## 三、语义网络与建筑空间设计的问题界定

### （一）设计目标和条件

从建筑空间设计中突出问题的角度出发，才能明确我们所要研究的对象。界定建筑空间设计的目标就是要明确各个建筑空间的使用功能和目标之间的层次关系、主次关系，然后对设计目标进行分解研究，最终用语义网络的形式语言表达出来。所界定的建筑空间应该是现有的空间设计和形态设计的叠加，找出此建筑空间存在的现实条件与空间设计相对应的目标差异，并用语义网络的形式方法直观地表达出来。也要考虑不可控的因素，确定在建筑空间设计中的平衡因素，涉及的多方面的需求和利益最大化，这也是在不同建筑空间设计形式上所要体现的文化、理念、内涵及使用等多方面的需求性质。因此，这些要求在设计时所必须要考虑的满足因素，在设计中更要尊重空间设计的层次性。

### （二）界定设计问题

由于主要围绕几种建筑空间设计中存在的突出问题，再加上各建筑空间所带来的复杂性、面大量多的构造因素，必然导致设计目标与现状、满足与需求相适

应、空间与可用空间之间逻辑联系的差异，即产生不相容和对立的设计问题，比如空间布局与流线组织就是一对冲突体，理想与现实的差异、流动空间与私密空间的差异、动态空间与静态空间的冲突等问题都是我们要研究的。所以解决问题是语义网络与建筑空间设计所要研究的重中之重。借助语义网络的表示方法，界定几种建筑空间设计中所面临的问题，一方面可以对庞大的设计要素加以区分和整理，另一方面可以通过对空间设计的问题加以理性分析，分层组织，分部拓展，进而将问题细化。

### （三）构建语义网络的空间设计模型

语义网络的模型构建是有效化地解决空间复杂问题的基础，探索科学合理的建筑空间设计途径，将空间设计中的模型构成加以语义化的模型输出，使之成为更加直观的分析方法，在问题求解上则更为简单方便，进而深度分析内在因素与空间设计的形式化问题。实现语义网络与建筑空间设计理论相结合的方法，开创建筑空间设计的新方法。

## 四、语义网络与建筑空间设计的组合分析

对于每一个建筑空间个体而言，组合关系的表达是否清晰明了还不能保证整个建筑功能的完整性，这是因为每个空间的布局都与其他空间产生关系。如果空间与空间之间的功能关系都是相互联系的，那么就必须处理好空间设计的关系性。只有将各空间功能需求的属性与每一个有机空间组合起来，用某种相互连接的方式加以确认，我们就可以发现这个建筑内部空间的功能属性是不是合理的。空间设计最重要的就是空间关系的合理性，对于每一个建筑而言，在进行组合空间设计时要全面地分析其地理位置、综合考虑每个使用空间所处的布局关系，将所有空间依次排列在最适宜的空间布局上是不容易做到的。在更多的建筑设计案例中，建筑内部空间的组合形式较为复杂。似乎在理论上居无定法。但在空间设计中最体现建筑的首要目的就是要满足使用功能、空间组织、流线布局的合理性，而在空间形式、形态上的设计却是客观存在的。虽不能由功能定义空间设计，但在一定程度上，建筑内部空间功能形式决定了建筑空间布局的规划性。建筑空间设计是否合理，归根结底就在于空间组织方式上的不同，而这种组织方式就决定了空间的组合类型。通过一系列的空间单元个体组成建筑群落，每个建筑群落的形式决定着空间布局的方式，那么就可以确定空间的布局类型。建筑空间通过各功能关系的方式组合在一起便成为“组合类型”，虽然这种功能的需求种类繁多，但从建筑布局而言，还是可以发现一些空间规律的。但它终究还是研究

空间设计的组合关系的，若从使用功能这一角度出发，若按功能需求进行划分，归纳总结出建筑空间的组合方式有：线式组合、大空间分隔组合、组套分隔组合、集中式组合等。

### （一）功能为主的组合类型

#### 1. 线性组合

有些建筑的使用功能简洁单一，使用空间是按照一定的排列顺序相互连接形成的单一空间，首尾相连互为整体。这种空间组合形式通过使用空间连接而成路线，形成了关系密切的明确性和指向性。在建筑空间设计中，以功能分区为主的设计手法是将该内部空间按不同的使用需求而划分的空间形式，将此划分而成的空间形式定性为空间数量的密切程度，以此达到各使用空间的有效联系。合理组织功能分区使建筑形式与空间设计之间形成一定程度的契合关系，规划出不同空间形式在整个空间体系的位置关系，才能保证建筑功能的有效实施。线式组合的功能分区实际上属于一个空间序列的转化关系，而这个空间序列可以看作各个空间的相互连接，同时也可以看作单个而不同的线性空间的有机组成。在这个空间中的组合形式中大多以尺寸、形式和功能的相似性而重复构图的形式，也可以是一连串的尺寸形状、功能形式和组织构图而形成的空间构图形式。对于重复出现的线性空间而言，相同的功能需求决定了相同的空间形式，与所处的空间位置又相关。而不重复出现的线性空间是由空间单元或空间形式决定的。对于线性空间关系而言，我们可以通过空间所处的位置关系加以区分：一是到达线性空间的终点路径；二是线性空间的偏离变化；三是某线性空间内的转折点。线性空间组合本身具有灵活多变性，容易受场地布局的地形条件变化而调整，调整的形式可以是直线形式、折线形式，也可以是弧线形式。这样既满足了各使用空间的静谧与安宁，又能以串联的形式把各个空间连成一个相互关联的统一整体，还可以终止主导空间或主导形式，保证了它们之间的关联属性。因此，这种空间组合形成适用于大学教学区和博物馆等空间的需求。

#### 2. 放射式组合

灵活多变的放射式组合打破了传统意义上的“空间”定义，它既没有像单一形式那样约束、局限，也没有将若干个独立的空间通过某种形式连接成整体，而是将这个大空间分散成若干个小空间。放射式组合的空间特点集合了线式空间的组合特点，它包含一个居于中心的主导空间，多个线式空间从主导空间依次呈放射状向外发散。将附属空间外伸到其环境中去，并将自身空间与周围空间联系在一起。放射式空间的主导空间也具有规则的形式，它打破了传统古典建筑空间设计组合的机械性，以交通空间为核心的线式空间，可以在形式和长度上彼此区分但又相互贯通，彼此明确但又界限清晰。就像一个风车模式一样，从正方形或矩形的交通空间向四周发散延伸，这种布局形式不仅带来了空间的动态感，还会对周围的交通空间产生视觉倾向。因此，为创造灵活自由和复杂多变的建筑空间拓展了设计手法。

#### 3. 集中式组合

以大体量的空间为中心，围绕这个中心的辅助空间进行四周布置。这种空间存在感强烈，功能形式突出主题布置，主从关系分明，结构逻辑紧密，辅助空间更加依附主体空间。集中式的空间组合是一种发散式的构图布局形式，按照一定数量的附属空间依附在主导空间的周围布置而成，在这种组合体系中，位居中心空间的位置关系往往是规则均匀的，而且这个主导空间的尺寸也要足够大，才能将附属空间集结在一起。

但对于集中式组合空间而言，因其本身并没有固定的属性，所以路径和建筑入口的布局设计必须突出次要空间的地位领域，这样才能突出交通空间的重要性。在集中式的空间组织中，道路路径布局模式是以中心为主的放射状，也可以是以中心轴线为主的螺旋状，但几乎所有流线布局的终点都将指向交通空间或其主导空间。通常，我们把这种构图形式紧凑、构图规整的几何图形建立起语义模型的特点：一是聚居、活动场所；二是空间构图对称统一；三是以限定空间范围及实体形式为主的中心空间。因此，电影院、体育馆、大剧院等都适用于这种组合形式。

### （二）结构为主的组合类型

人类借助一切物质材料从自然中分离出来，而分离出来的物质就具有了空间属性。用不同围合而成的材料属性形成了各种不同的空间形态。例如，若采纳以内墙承重为主的梁板构造方式时，就会构成方格子的空间组合外形；若采纳以框架承重式为主的构造方式时，就会形成以灵活多变为主的空间外形；若采纳以大跨度构造方式为主时，就会得到更为宽阔明亮的室内空间组合外形，就像中国传统建筑中采用木构架的组织结构形式一样，便于灵空和通透，就像古罗马拱券、穹窿的结构形式一样，营造出宽宏宏伟、博大威严的空间气势。

#### 1. 梁板结构体系的组合

早在公元前两千多年前，古埃及建筑就已广泛运用这种体系，在不断发展的现代建筑结构体系中，摒弃了传统的石块、泥土等材料，取而代之的是钢筋混凝土结构构件材料。这种结构体系由墙柱和梁板组成，墙柱承受垂直压力，梁板承受弯曲力，从而共同作用在建筑结构体系中，不但墙体起到分隔空间的作用，而且还会承担屋顶的荷载作用，导致这种结构体系形态不灵活，空间局限较大。

**2. 框架结构体系的组合**

自人类由最初的巢穴、巢居转入地上居住时，框架结构体系就已经出现了，人类逐渐学会用树枝、树干、毛皮等材料搭建遮风挡雨的居所。而框架构造最突出的特点是以骨架作为承重的主要构件，以相互分隔空间的墙体来明确划分空间区域，随后形成了供人类栖息生存的主体空间。当社会生产力转变为钢和钢筋混凝土框架结构时，框架结构体系对建筑的发展起到了更大的推动作用。知名的法国建筑师勒·柯布西耶提出：独立支柱、自由平面、自由立面、屋顶花园、横向长窗是新建筑的五要素，更加揭示出近代多米诺框架结构体系赋予了建筑创作的新可能性。由于框架结构的工艺体系荷载传递到立柱上，从而扩展了外部空间的自由灵活程度，改变了复杂多变的空间特性，更加丰富了建筑内外空间的环境变换。

**3. 大跨度结构体系的组合**

在古代建筑中，室内空间的最大化与其特有的拱形结构形式是密不可分的。从拱券结构形式的演变过程来讲，所有的拱形结构（包括券、筒形拱、交叉拱、穹窿）的更新交替，都可能成为人类追求某种使用空间而构造出更大的建筑物。不难发现大跨度的结构体系中，其结构支撑形式愈加发散，建筑平面的组织形式则愈强烈，自筒形拱券演变成高大直立的尖拱肋拱券结构形式，从球形穹窿的拱券演变到帆拱式穹窿的拱券结构形式，这都足以证明相对集中的空间赋予我们更大空间的体验。近年来，对于大跨度结构体系而言——桥体、悬索、网架结构都具有无法比拟的优越性。这不仅适用于矩形空间、正方形空间及圆形空间的建筑物外，也适用于三角形空间、六角形空间、扇形空间、椭圆形空间等建筑，为适应更加复杂多变的现实空间而成为可能。

### （三）多空间为主的组合类型

多空间形成的空间表达是一种极为复杂、系统的组合形式，其多维性、综合性决定了空间类型的丰富性和复杂性。人们从某种空间进入另一种空间时会发生表情上的变化，而多空间设计大多情况下借助空间存在的差异性进行对比。一是高低与大小的变化：从单体空间进入复合空间时，凭借空间体量的震撼效果给人以警醒的感知。在中国古典园林设计方法中就有“欲扬先抑”的设计手法，凭借大小空间的剧烈变化而获得一步一景的观园感受。在经过这种主题空间时，人们感知的视线极具释放性，进而引起心理上的激动和共鸣。二是敞开与封闭的变化：封闭空间指的是不打开窗户或打开窗户的空间；开放空间是指打开窗户或打开大窗户的空间。封闭的空间较暗淡，敞开的空间较为明亮，能够很好地与外界相连。三是形状空间的变化：功能的需求往往决定了空间形状的大小，不同形状的空间变化可以达到破除单调乏味的目的。诚然，当满足功能条件所需的情况下，加以变化相对空间的位置形状关系，以求得变化的手法。

**1. 组团式的空间组合**

组团式的空间组合就是把各空间归属充分地连接在一起而组成的空间主体，因而组团式空间不存在专门连接交通的过渡空间。这样形成的空间秩序可以是按照一定顺序相互组织而成的单一空间形式，也可以是通过某种媒介连接而形成的整体空间，又可以是把交通空间与使用空间合二为一的独立空间，使得分离的空间相互联系。①

组合空间的组合通过彼此的紧密连接来连接，包括重复的、蜂巢状的自然界带来的形式。这些空间都具有共同的视觉感受，通过尺寸界定、功能形式紧密连接或者以对称轴、轴线等视觉秩序所带来的变化而建立起相互联系的。因为组团式的空间组合形式并不来源于固定的模式，可以通过改变空间的方式而增减各自空间的特点。组团式空间既可以突出一个中心空间进入建筑的内部，也可以沿着建筑物相邻的轨道展开而来的组团空间，还可以成团地规划在一个大型既定区域的周围来安置。由于组团空间没有相对独立的位置关系，所以必须强调空间设计的尺寸大小、几何形状、位置朝向，才能清楚地表达出这个空间的意境所在。在组团空间设计过程中，可以采用对称轴的方式来统一各空间的布局形式，也有助于清晰地表达各空间的重要性。

**2. 网格式的空间组合**

网格形式来源于两组相交的直线分隔而成的格子空间，在两两穿插的交点就形成了一个由点形成的图形。把这个点进行空间模数化，就形成了一系列空间单元，网格式的空间组合来源于图形的规整性及空间的连续性，它们各自渗透到一切组合因素之中，并且由空间中的点与线建立起稳定的、排列的空间组合形式，在这个形式空间中要素的尺寸、形状、大小都有着共同的功能关系。在查尔斯·柯里亚设计的甘地纪念博物馆中，通过梁板柱组成的框架结构系统便形成了网格区域，区域与区域之间以独立实体而存在建筑物中。无论这些区域框架如何布置，它们在形式上的转化是一致的。模数化的框架组成可以被削减、增加或层叠，然而它们仍然保持网格中的可识别性，用建筑形式配合基地属性就可以限定

---

① 王玮璐．智能产品在商业空间设计中的应用探寻［J］．中国包装，2021，41（09）：68—70.

主次入口的场地布局。当然，若想满足空间维度上的特性需求，在网格式的空间上可以改变尺寸、位置、比例来加以区分，也可以进行滑动改变某一区域的视觉与空间设计的位置关系，达到从点到面，从面到线的网格空间组合模式。

## 五、语义网络与建筑空间设计的类型分析

所谓建筑形式，主要是指修建内部空间和外部造型的形态关系，外在形式是对内部空间的客观反映。因此，毫无疑问，我们必须探索功能空间与空间构成的内在联系。任何一个建筑空间都是真实存在的，而空间的形式就是怎样划分空间单体而限定的。这样就从无形空间构成有形空间，从而限定了空间的形式变化。建筑空间设计的形式，主要在“内在因素、结构形态、组织方式和存在状态”等方面进行考虑。而建筑空间设计是一个复杂的结构形式，是由多种要素集合而成的，不仅在空间、形状、凹凸、虚实、色彩、质地、轮廓上进行表达，也会在建筑师本人对空间设计的审美与认知上进行理解与呈现，达到建筑精神空间的满足感。而建筑空间设计的手法就成为建筑初期的扮演者，在一定程度上决定了建筑形式的合理布置。从建筑师整体的设计思想中转变到实体建筑物中，更希望空间设计的严谨性、实用性、完整性，等等。正如比尔·希利尔（Bill Hillier）所指出的：“设计师们设计的是形式，但期望满足的是功能需求。”真正探寻的却是建筑外形与内部空间之间的布局关系。从建筑的“内部空间”着手，才会“自内而外”地延续，这又与路易斯·沙利文所提倡的“形式追随功能”的设计理念不谋而合。

### （一）包含式空间

在建筑空间设计中，我们通常把一个空间包含于另外一个较大的空间，形成大空间包含小空间的空间形式。包含式的空间容易在视觉与空间上产生连续性与过渡性，与被包含的建筑内外空间环境相互照应。同时，包含式的空间为封闭大空间分隔为小空间的栖息地提供了场所。为感知空间设计形式的多变性，将周围的小空间设计成类似外围空间的形式，进而变化出动感十足、富丽堂皇的附属空间。包含式的空间设计用于体量比功能强大的建筑中，这种布局能够协调空间尺度与功能体量之间的关系，也会带来功能形式的多样性。大体量的空间都会存在一个交通空间作为围护其他空间的支撑。而这个交通空间需要具有一定的封闭性，周围的空间才能对交通空间起到围护作用降低与外界的联系。把外界较好的空间环境赋予智能空间，才能让周围共享交通空间。在高层及超高层建筑中，把交通空间设计成竖向交通及其他功能就是包含式布局的体现，也与周围其他空间

产生了良好的可达性。

### （二）穿插式空间

两个空间互相重叠、交错而至、相互叠加则构成了一个共享的公共区域空间，而每个区域空间都将保持着原有的形态以此区分空间的可识别性与界限性。将穿插部分的空间作为公共部分共同使用，也可以把穿插的空间可以与其中任意一个空间整合，从而构成了富有灵动的整体空间。

穿插式的空间设计不仅在空间形式上具有一定中心性，还会对整体空间有着宏观的把控。在圣彼得大教堂平面布局中，用柱网对教堂平面进行分隔而产生的空间就是相互穿插得到的。穿插式的空间设计不仅在形式上多种多样，而且对空间的整体认知存在统一性、集中性的把控。相互穿插而形成的公共区域为单个小空间提供便利条件，进而形成围绕主导空间与附属空间的统一布局。

### （三）邻接式空间

建筑空间的邻接性是建筑空间设计手法中最常见的构图方式，空间邻接就是为了让每个空间彼此产生联系，能清晰地传达每个空间所对应的位置关系，并以自身的方式强调周围空间的功能和意义。相邻两空间之间的视觉误差及空间的间断水平都取决于邻接面的关联关系。这个邻接面应该满足以下条件：一是限制两邻接空间的衔接性，增强各空间的相对独立性，彼此调节；二是将邻接面布局在单一空间体系中；三是增设连排柱子，增强两空间的连续性和可持续性；四是通过改变两空间高度变化之比或材料带来的空间邻接关系。邻接关系在居住空间设计中比较常见，例如在劳伦斯住宅布局中，将起居室、卧室及就餐区三个空间用地面高差变化的特点相互制约，形成以地面高度、顶棚高度及光线轮廓变化的三种邻接空间，将整个空间设计与外界环境完美呈现。

### （四）公共式空间

当两空间邻接关系较远时，可以引入第三空间来组织这两个空间的过渡关系，这个布局形式就叫作公共空间形式。这个过渡空间如同线式布局一样，满足空间序列的发展变化。

## 六、语义网络与建筑空间设计的功能分析

格罗皮乌斯曾把建筑理解为“建筑，意味着把控空间”，而功能需求就是建筑空间设计的最主要因素之一，功能的属性决定了空间构建基础。将建筑空间按

照人类活动的要求进行划分，以满足功能分区清晰的要求。同时，把各空间需求相互联系成功能组团的形式，用一定的方式分割空间以确保建筑功能的合理性。目前，建筑物已成为人类社会生活方式的承载体，同一建筑物中的人类活动各有不同，彼此相互联系、相互影响，如果把握不好空间形式的应对方式，就会造成建筑空间的使用缺失。为了避免这种情况的发生，就要在建筑功能上加以区分，同时协调好功能形式与建筑空间之间的关联属性，以此决定哪些功能空间可以与建筑内部空间形成依存关系，之后对其相应的调整以避免内部空间矛盾性，并进一步协调空间功能与建筑外界环境的依存关系。这种关系也承载着不同的布局形式，这样就把空间设计形式阐述为功能关系，即对应关系、适应关系、秩序关系、独立关系。

### （一）对应关系

一个建筑或建筑群都会有相似或相近的功能属性。而功能与形式的存在就会相互对应，在某种程度上反映了空间单元的相互关系。从单个空间到整体空间、从形式变化到秩序井然，不仅体现在空间的功能需求上，也体现在建筑的形式上。既然对应关系是功能与形式的一一体现，那么就有几何特征相同或相近的空间单元也具有一定的相似性，从而把平面空间重复排列。建筑空间设计从单体空间到整体空间的设计过程其实就是空间累积的过程，在此基础上将不同功能的空间设计到建筑平面图中。建筑师不仅追求空间的有机组织与建筑形式的内在联系，而且也遵循自外而内的双重设计手法。空间设计与功能对应关系的表达多出现在功能要求较高的建筑物中。比如医院、酒店、公寓、商铺等，建筑空间设计亦是一个全程参与的过程，从技术方案的敲定到施工技术的落实，不同的设计阶段、设计环节的原则都与空间设计息息相关。

### （二）适应关系

建筑功能内在关系与建筑空间的构成形式往往是统一的，但并不意味着功能与形式之间是一一对应的关系。在这种情况下，以理想的空间架构作为基础，将功能自由地融入其中，使得功能可以在固定的形式中围绕着形式发展，让形式与功能发生对话。建筑空间是为提供人类活动的各种场所，所以必须满足建筑空间形式适合于功能要求的特点，在实际生活中也表现为功能对空间的一种制约形式。在现代空间设计中则更加注重使用空间的灵活性与适应性，用标准化、模块化为特征的空间设计形式成为既定的有效手段。把各个类型的使用空间分类划分，就实现了空间单元的整合过程。同时，研究不同的功能空间所对应的平面布局，把各个模块化的单元格子分类组装就形成了空间的布局特点。功能适应空间，空间适应形势，形式又随从功能，这样三者之间的辩证关系就得以显现。作为建筑空间功能的适应性而言，适应的程度决定了空间的大小，空间的形式也随之确定。房屋作为建筑最基本的组成形式，大都是以单一空间的形态出现的，这就要求房间与房间需要合理规划才能达到相互适应、相互匹配的特点。

### （三）秩序关系

维特鲁威在其《建筑十书》中提到过："建筑的三要素是实用、坚固和美观愉悦。"的确如此，对于既定给出的空间设计时，空间的秩序就可以确定。对适用这种秩序的存在介于空间与位置关系的安排，可以理解为任何有组织有顺序的功能体现，而真正的秩序是多样化的、复杂化的、连续化的及相互关联的。在建筑设计中，必然存在着多样性和复杂性。任何建筑物的形式与空间都要考虑周全，对在建筑中所固有的功能属性必须服从于等级、对象、建筑物所要传达的目的和含义，即与建筑物有关的空间环境。有秩序而无变化的空间主体，会使人感到厌倦和乏味，有变化而无秩序的空间主体却是杂乱无章的。在统一中变幻莫测是一种桃园境界。所以空间的秩序是影响和控制建筑内在因素的组成单元、结构体系及存在方式的一种表述形式，是让建筑得到有规则、有组织、有布局安排的空间意志。正如勒·柯布西耶强调秩序的重要性就在于："建筑师通过一些形式化的有序性，实现一种秩序，这秩序是他的精神创造，它给了我们衡量一个被认为跟世界的秩序相一致的标准。"如果秩序被认为是一种接受或放弃两可的性质，是可以抛弃而由他物取代的东西，那么只能产生混乱。在组合功能体系的同时，无论其功能是物质的还是精神的，秩序必须是不可缺少的。就像所有成员的整体协作，如果不能呈现出有秩序的图案，就难于履行其功能，难以传达其信息。就像所有成员的整体协作，如果不能呈现出有秩序的图案，就难于履行其功能，难以传达其信息。而路易斯·康（Louis I. Kahn）对秩序的理解也十分执着，他认为建筑是人类对秩序的领悟表达，是隐藏在建筑背后的空间，它决定着建筑的变化与发展。路易斯·康把建筑视为人性的表现，对光的赞叹更是如此："有运动的序，有光的序，有风的序，还有围绕我们的一切……所谓'序'，是了解其本质，了解它能做什么。"

### （四）独立关系

按功能需求进行空间设计后，就形成了独立的和私密的空间关系。独立是指个别空间与其他空间既不影响其组成又保持各自独立的特性，空间设计的独立性是针对空间分区而形成的互相对应、分离的空间关系。既然空间功能是通过空间形式表现的，那么功能的独立性就应该是空间的归属。每个空间或多或少地被墙柱分隔，这样空间被划分为独立的空间个体，每个空间的功能属性也被确定下来。各个建筑对空间类型的表现也具有某种规定性，但有许多空间由于功能需求的特点，在空间形状上并无特定界限，所以各个空间的独立性与灵活性又是并行不悖的。这种对立关系为指导建筑空间设计与功能需求提供了设计基础。

# 第三节　语义网络与建筑空间设计解析

## 一、建筑外部空间场地设计的策略解析

建筑外部空间设计具有一定的规划性和狭隘性，建筑外部空间不仅包括自身条件的限制空间，也包括建筑空间的延展性与多变性。建筑外部空间是除自身空间功能以外，通过营造良好的环境氛围而形成的空间属性。我们无法脱离自然空间环境而独立存在，但是可以通过构建外部空间设计理念影响其发展。外部空间的设计本质上就是为了创造较为积极有意义的内外环境，满足人们的需求属性。正如芦原义信所言，“外部空间是没有屋顶的建筑”，他所定义的建筑外部空间是一个二元关系元素而组合空间形式，建筑空间单纯由墙面、梁柱、楼板、屋顶所限定，而外部空间就是比建筑少一个要素而组成的空间。

因而建筑的外部与内部空间设计方法同样适用，建筑的外部空间不仅适应使用者，也要适应内部空间的变化关联与融合，这样才能建立起内外空间的关联感知。建筑外部空间是我们日常直接接触的空间载体，具有社会属性。当外部空间效益最大化时，也就提高了建筑在其所处的场所位置。建筑场地设计是指针对建筑外部空间设计中的特点，结合在建筑设计中最为常见的设计过程，还原其建筑外部空间的设计初始状态。

### （一）建筑外部空间场地设计的语义模型

#### 1. 建筑场地设计的自然因素

影响建筑场地选址设计的因素主要包含气候因素和地理因素两方面，在场地中的气候因素主要包括建筑的朝向、间距、建筑组群布局方式等，主要取决于建筑物的朝向、楼宇的间距、主次入口的选择、建筑场地布局的选择，等等。场地中的地理因素则会影响场地内各个要素之间的关联问题，保证人们在室内拥有充实性的活动空间，地理因素可以决定人们在哪里聚居，怎样通过场地规划确定游走路线以及建筑体量的相互关系，等等。

#### 2. 建筑场地设计的人文因素

建筑场地设计是一项综合性较强的设计过程，在设计过程中更多地涵盖了历史、文化和人为使用与需求的活动过程。文化承载着场所内所发生的本区域特定的传统文化，人们的价值取向、审美及道德标准，等等。

### （二）建筑外部空间场地设计的语义分析

对于一个建筑场地而言，要想合理地规划出建筑物与周围环境的和谐统一，就要从场地布局的根本出发，构建场地布局的语义关系，确定各建筑物的位置关系。对于建筑空间设计的语义网络图而言，场地内的建筑物组成了一个网络，建筑物与建筑物的连接称为网络的语义关系，也就是空间路径的可达性。而这个网络是可平面的，其算法是解决建筑场地布局是否合理的检验标准。显然，判断一组建筑场地布局的语义网络是否可行，平面对于建筑设计、城市规划中会起到一定程度的辅助效果。比如在对医疗建筑场地进行规划设计时，我们可以构建一组建筑场地设计的语义网络图，其目的是解决急救与普通病房的分流、医生与患者之间看病的功能区域互不干扰的问题。而构建适合的选址设计思路，如果用语义网络图的形式来表达功能的需求性，则是明显易见的常理。

建筑场地创作是选址设计中各要素布局形式及各建筑单体的组合形式，通常反映着整体与个体周围环境的关系及文化要素的传承。选址设计作为建筑内外空间的核心构成要素，其形式的选择对选址设计的影响非常重要，建筑单体的形式决定着选址设计的位置。建筑之间的整体布局形式与连接方式有关，那就是建筑空间与外界环境的对应关系。这个对应关系往往定义为空间概念的取舍范畴，更多地指向建筑空间与周围环境最终形成的依附关系。当然，建筑总体布局的形式决定着场地选址的限定条件，加强了与周围空间的互动关系，当这种关系放到自然环境中，则更为突出与周围环境的互动，进而在自然景观的配合下加强了与周围空间的消融。而传统的布局形式，是将建筑与场地一体化设计，是对自然环境的再创造。在追求建筑外界空间的自然美时，建筑场地设计的布局方式固然有多种多样，只有针对不同的场地现状与地域特点选取的适当形式才是最为直观的表达形式。

### （三）建筑外部空间场地设计的语义构建

场地语义关系是指通过建筑场地的布局之后，我们去寻找各建筑空间对应的关系。作为选址设计伊始，最初我们要了解其体现的功能属性，通过功能属性分区每一地块的设计要求，然后配备道路、绿化、交通流线、主次入口等设计过程。可以说在这个过程中，每一个模块化设计一旦确定，建筑场地设计的雏形也就随之确定，所以选址设计是一切外部空间设计的基础步骤。

建筑入口是决定选址设计好坏的标准之一，场地入口是组成建筑空间序列的起始环节，也是内外空间序列的交接点。从建筑入口的标志性节点开始，到建筑内部的活动中心，要组成若干个空间或空间序列，或由场所内空间和场所外空间限定而成，其开合变化构成了空间的语义结构，正如北京故宫主轴线是以一系列的建筑单体依托而成的，各种建筑单体将封闭的空间由狭窄到宽松，由低矮到挺拔，由小体块到大空间构建而成。不难发现，建筑空间格局的设计过程要按使用的公共性程度组织成一个有序的空间布局。建筑空间布局反映着社会生活中由公共空间的部分引导单体空间，最后到达指定的私密空间的布局层次。同时，层次也包含建筑空间构图的层次概念，反映建筑空间的序列关系、主次关系、渐进关系，所以建筑入口空间要做到层次分明、主次有序的衔接。建筑空间入口的布置形式起到高屋建瓴的全局作用，各建筑路径流线的合理组织、各种建筑单体空间的有序规划都从属于建筑空间入口的安排，建筑入口空间布局的好坏，直接取决于建筑内部流线的畅通，建筑入口空间布局的得体，也直接取决于建筑内外空间交通组织的通畅顺应。

## 二、建筑内部空间交通设计的策略解析

### （一）建筑内部空间交通路径设计的语义模型

对于建筑内部空间而言，其路径的形式取决于建筑空间布局的合理性。路径设计得完善与否在一定程度上决定了建筑内部空间的顺畅度，而这种顺畅度往往也回馈于建筑内部空间设计的好与坏。建筑路径就是建筑物中内部流动的线，它是由一系列交通空间有秩序地组合而成。路径的主要问题就是解决建筑内部流线的设计问题，路径设计是围绕建筑的空间和交通展开的。在现代的建筑物中，建筑的路径大部分靠楼电梯来组织，但建筑体量的增大常常给人以“高能效、低情感”的空间感受。

通过对内部空间路径的语义构建，增强对空间路径的再认识，势必会对空间设计起到促进作用。宜家家居作为国内最大的家居领跑者，其自身就有一套固有的路径设计理念，宜家家居采用最传统最简单的设计方法——线性路径法，游客从最初进入到室内空间后，会从头走到末尾。在此路径设计过程中，用单一简洁的流线组织供游客一次性地体验结束。当然，在这个过程中难免产生厌倦、乏味感，忽略了必要的休息区及缓冲区。

### （二）建筑内部空间交通路径设计的语义结构

既然人们生活在建筑物的内部，那么必然存在行人的交通路线。建筑空间路径设计的好坏往往决定了建筑流线设计的是否成功。许多建筑空间流线设计是以使用者最为频繁的路径需求而决定建筑流线走向的。人在建筑物中会有这样那样的活动行为，而这些行为直接影响建筑流线的组织。当人们进入不同的建筑空间设计时，根据自身需求导致不同类型的流线。这种流线应避免交叉，同时又要清晰可见，人们更加愿意去寻找最佳路径并到达某处。省时、省路、省空间是人们的迫切需求。当然，并不是说到达空间的路径和时间越短越好，而是应该特殊情况特殊对待。对于不同种空间功能的需求而言，优秀的建筑空间流线组织往往决定了建筑功能分区的组织形式。而建筑流线组织形式又限定了建筑空间的布局形式。由于建筑功能需求的多样复杂，每一种建筑不可能只采用某一种流线形式，必须辅以其他类型的流线形式来配合建筑整体。当我们在准确把握建筑设计中的功能需求、流线组织及空间布局三者之间的关系时就显得尤为重要。三者通力合作，互为补充、互相依存。同时，建筑平面的设计就是要寻找一种协调，一种空间的平衡，使人们能够在建筑中得到想要的空间归属。

我们知道相邻的建筑物需要用路径来连接，路径与路径之间形成了网络结构模式。从路径的整体性分析，又似乎具有某些与建筑语义网络相同的特点。建立以结点、路径为基本要素所构成的语义就是要从路径结构，路径可达性、可靠性进行分析，利用建筑语义网络自身特点和原理解决一些设计过程中所遇到的难点问题。通常的建筑路径语义网络包含几何、属性及拓扑关系。建筑路径不仅在空间位置、大小、形状、类型等几何特征上有所不同，而且各路径之间也存在拓扑关系。如何分析建筑路径的可达性是研究建筑物位置关系的前提条件，这不仅影响到建筑流线的设计好坏，还会对功能需求的满足造成影响。一个切实可行的建筑路径可以抽象为建筑物与道路所组成的网络图，其中道路表示实际路径中的路线，建筑物之间的关联性是通过路径连接的，在这个路径网络结构中，我们把平面网络称为建筑语义网络，建筑物定义为 V，路径数定义为 E，把所分成的空间区域定义为 F，则满足欧拉平面公式：$V-E+F=1$。当用道路表述路径时，路径则是建筑语义网络中的基本元素，每条路径也存在起点和终点，每一条道路在特定的路径中是不可能重复出现的。所以，在建筑语义网络中的可达路径最终定义为道路与建筑物之间的连接关系。我们对具有代表性意义的建筑路径语义进行分析，不难发现其路径存在三种语义结构，即为线性、树型及网格型。

1. 线性路径的语义结构网：线性路径语义有一个起点和一个终点，建筑路径与路径之间不会重叠、间断，也不会因弯曲、曲折而终止，这种最简单的路径趋于直线，所以研究起来意义不大。

2. 树形路径的语义结构网：树形路径的结构就像多条分支的线段，与树杈形状极为相似。作为特殊的路径语义，可以简单看似为多个线性的语义结构。这类路径结构的处理方法较为简单，而且在许多建筑领域中有着广泛的应用。在日常生活中的“家谱图”就是一个简单易懂的例子。如果将每条路径的起始点用一个顶点来表示，并且与建筑物之间连一条线，就可以得到一棵树型语义结构图。不难发现，树型语义结构是指 n 条线路共有 n－1 个交叉点且没有网格的结构形式。所有的路径都是沿着主干道路布置的，这种空间路径的连通性较差，分路径之间的辅助性流动力不强，但都必须通过主路径而达到各个分支的连通。常常在整个路径行进过程中，因人车分流不及时造成同一主线上的路径负担压力太大，而带来一系列的流线组织矛盾等问题，但此种路径便于辨识，连通感的方向性较强。若主路径结点存在拥堵或不能传递到下一个结点，则不利于人流的疏散分离。

3. 网格型路径的语义结构网：既然语义结构构成语义网络，那么网络形式则有方格型语义网络、放射型语义网络以及环状放射型语义结构路网。

### （三）建筑内部空间交通路径可达性的语义分析

在建筑语义网络中，可达性是指在图中从一个空间到另一个空间的容易程度。如果它们存在一个相邻空间，则空间 a 可以到达空间 b（反之亦可）就称为路径的可达性。它反映了建筑空间设计之间相互沟通的难易程度，表达了空间之间的远近关系，与区域、空间相互作用及空间尺度等概念关系密切。建筑路径的可达性就是指在建筑空间设计内部从某一空间到达另一空间的通过性。在研究可达性时，通常要将复杂的空间平面进行简化，研究的区域抽象为点状区域，同时将其作为起点和终点的评判性来进行分析。通过增加路径的数量，进而使整个空间区域的连通性达到最好。用边来表示路径，用节点表示路口，从而客观地表达了建筑语义网络的度量特征。例如，街道的长度、方向及路口的方位，等等。连接节点的街道长度就表述为节点空间的关系，即路径之间的距离关系。将距离关系定义为“邻接度”则更为形象。这一可达性的量度以路口为单元，描述了某一空间与其他空间的临近程度，节点“邻接度”越高越容易从周边的节点空间到达。邻接度＝两空间节点最短路径距离总和/空间节点总数。空间的邻接度越高，这个空间越容易被人们熟悉达到，从而成为建筑空间设计聚集的中心区域。建筑路径的可达性就是为了满足人们在建筑物中的流线设计要求，让建筑空间设计与城市内部的各个空间更为便捷。建筑流线规划的合理与否，在很大程度上取决于建筑路径布局的可达性。

建筑语义网络的一个重要性质就是路径的连通度。对于一个路径语义网络必然有且只有一个作为起点的节点空间和一个作为终点的节点空间，其余的在这个路径网络上的空间节点都只能是过客。简而言之，一个空间的节点必然会是以度为偶数的节点，只有起点与终点的秩才是奇数节点，由此可以判断出一个路径语义网络的可达性有三个条件：

1. 此路径是否可以一次通过；

2. 路径语义网络如果能画出来，应从哪一点开始；

3. 整个路网结构完成后，起始点与终到点是否具有唯一性。

针对以上条件可以得出以下结论：

（1）如果一条路径网络有两个以上的奇数点的度，则不能被单一路线连通；

（2）如果一条路径网络没有奇数点的度，则可被单一路径连通；

（3）如果一条路径网络恰好有两个奇数点的度，则可以被单一路径连通，而此连通路径的始点和终点分别是语义网络中的两个奇数点的度；

（4）如果一条路径网络恰好有 n 个奇数点的度，则可被一组 n 条路径网络连通，但并不能被任何一组少于 n 条的路径连通。

基于以上结论而言，建筑路径语义的连通度决定了空间的可达程度。可以说不同的路径形式表达出不同的连通度数。

构建建筑平面图路径语义，就是要研究每个空间区域的连通程度. 在这个平面图中，研究是否可以一次通过所有的空间，并且每个房间只允许经过一次。当然，在建筑语义网络中的空间是可以随意拉伸、收缩的。我们将每个空间缩小为一个空间节点，空间与空间的连接路线则称为连通路径，由此构成一个建筑语义网络的平面图。

### （四）建筑内部空间交通流线设计的语义模型

建筑本身不单单存在平面空间的位置关系设计。以往的建筑平面图更多地趋向于复杂交通空间交叉路线的处理上，怎样合理规避建筑交叉路线的问题是设计的重点。对于固有建筑而言，除了形式上的新颖之外，还需要分析内部交通空间的组织问题，通过语义网络图化的形式转化，在视觉上直接明了，清晰地分辨出主次交通空间的形式。不难看出，语义网络的图示化可以凸显主从空间的属性特征以及将主要空间划分为附属空间所必经的路线图，在此基础上重点分析其主次空间相互关联的必然性，并赋予其一定的数值参数，作为研究相互之间的交通空间构成优劣效果，综合得出交通空间的选择与放弃，将主要空间的连接形式得以细化，确定细部的空间造型特点及流线的合理组织，提前分析出该路径的影响度参数，确保建筑内部的空间交叉冲突的发生。对未来建成的空间布局起到一定的推动作用，进而分析内部空间的变化需求与功能构成。①

建筑功能的合理性及匹配性十分重要，建筑交通空间的组织更是不可替代的重要参与者。试图通过交通空间的设计手法，去完善在建筑设计中所未能满足的需求。设计者应该力求建立建筑交通空间的定义关系，这样可以提高建筑空间设计组织的合理搭配及利用率，从而挖掘价值潜能。建筑中心可能是建筑设计中的一个过渡单元，彼此将空间单元独立连接、集中组织以形成其他空间的使用需求。当然，这个交通空间不一定是建筑形体的几何中心，也不一定是建筑物中的最大空间，而是这个交通空间与其他空间单元的连接与过渡。建筑交通空间就是研究空间之间的关系，通过构建交通空间的邻接矩阵用语义网络图的形式表达出来。将每一个空间单元作为空间节点，把空间节点之间的连线用关系链表示后就构建了建筑语义网络模型。需要注意的是，这种语义关系忽略了体积、面积、几何形状的限定，将空间关系的相互转化为简单明确的形式表达出来，从而单纯地展现出空间的连接关系。时至今日，人们对建筑大空间的渴望日益增长，单一的交通空间已不能满足需求，所以空间的使用也较为复杂。如果用设计使用后评估的方法来补充建筑设计，为时已晚，构建建筑交通空间就是提前预知在设计过程中存在的突出问题，运用客观的方法解决未被提及的弊端，建筑交通空间的组织和营造过程经历了简单到复杂的，静止到活动的，封闭到半封闭的空间转化，空间之间形成了一种动态与变化的依存关系。

### （五）建筑内部空间交通流线设计的语义分析

建筑交通空间设计是由一系列的单元个性所组成的，通过不同功能、不同形式、复杂多变的空间相互影响而形成的建筑组群。以一个并不复杂的空间为例，我们将这个空间按照墙体分隔而成的空间进行编号，当然编号并不代表空间的重要程度。将划分好的空间单元看作一个个空间节点，此时忽略空间的大小，形状，位置等其他因素的影响，只关注空间单元之间的相互关系，把这个空间单元按照其组织的形式相互连接，形成了一个建筑交通空间的语义网络图。把这个语义网络图中的空间节点等距分布，空间节点大小代表的空间接近交通空间程度，也就是说空间节点越大，其交通空间的中心性则越高。在建筑交通空间的构建过程中，必然会有附属空间接近空间组织中心，其他空间也会随着交通空间边缘化。从建筑语义网络中的表达方式及原理来看，如果一个附属空间逐渐接近其交通空间，那么这个附属空间到其他空间的可达性越差，这样我们就可以用语义网

---

① 谢良富．浅谈建筑智能与建筑电气技术［J］．居舍，2021（24）：57－58.

络的形式加以量化处理。

位于交通空间的核心区域具有较好的连续性，这些交通空间常常处于各空间区域最短路径的相交处，能对交通产生便利，可连通的路径也较为丰富，对周围空间的集合提供选择性，但并不是所有的建筑空间设计都具有交通空间，还要依情况而定。反之，分布于交通空间的边缘区域则相对弱化，其空间的表达性和公共性相对削弱，寻找交通空间的区域位置有利于促进建筑平面的整体布局。同时，在构建的语义网络中，我们可以清晰地分辨出交通空间与边缘空间的路径关系，这样可以更为直观地了解建筑中各个空间的邻接位置。在此基础上，交通空间的位置关系也随之确定，不断调整核心区域的空间位置摆放，探索不断变化发展的新空间是构建中心区域的基础，从而引导建筑流线的空间组织，深入系统地研究交通空间更有利于提高设计思路，寻找即出现，研究即可能，构建建筑语义网络新模型是形式上的表达而已，真正的价值在于空间的定量分析。

### （六）建筑内部空间交通流线设计的语义量化

建筑交通空间的量化不仅仅是一种延续的空间集合，每个单体空间都是整体空间的附属组成部分，不加定义地组织交通空间实在是含混不清、含糊其词的。要想分析空间的核心位置，就应从量化的角度对建筑内部空间进行整合。在建筑语义网络模型中，单体空间与整体建筑之间的相互联系都是为语义网络图的形式来表现的，这个图可以清晰展现单元个体的交通空间程度及连接性的好坏，通过把单元个体空间中图的度（degree）、接近度（closeness）、最短路径（geodesicpath）等数值反映出来，就可以得到该空间的语义网络结构模型。这个接近度就表示某一空间区域到所投其他空间单元最短路径的聚集处，客观分析出交通空间的可达路径，为空间区域的界定提供发掘潜力，在这个语义网络模型中，各空间单元简化为节点，而节点所在的位置与空间单元在建筑中的位置并无关系，也就是说各个空间单元与其他空间的连接方式有所不同，是语义网络模型对其进行重新排列构建，这样，越是趋于建筑网络模型中心的节点，就越有可能代表这个空间区域的交通空间，从而将这个语义网络模型定量分析，为后续设计提供指引方向。

## 三、建筑平面空间布局设计的策略解析

构建语义网络的建筑平面空间，就是对内部的空间组成加以形象化，通过语义网络图的形式表述出来，分析内部空间是否可以重组，以及重组之后的具体敲定方案又是怎样的，这使我们研究问题的方式更加清晰可见，之所以以构建语义

网络图的形式来表达内部空间的属性关系，是因为语义网络将其复杂的空间环境简化为单一、直观的表现方法，通过这种方法加以分析、整合、重构等过程性手段推敲后而得到的平面空间则更具有说服力及客观性。构建语义网络的建筑空间设计方法，不单单是新思路、新方法的提出，同时也整合了更多的复杂条件与空间设计感受。

### （一）建筑平面空间布局设计的语义模型

对于一个建筑本身而言，其内在平面空间设计得好坏，决定了空间的使用效率。建筑平面本身的构图形式，大部分都是由几何图形以各种排列形式组成的，也就是说，平面空间几何图形的有机构成了整个建筑内部空间的脉络走向，进而使建筑空间关系加以明确化，具体化。将此建筑平面空间的语义关系抽象出来就形成了语义模型，而将语义模型赋予新的定义后，我们就像构建知识库体系一样，随时用随时取出来，便于对建筑空间的重新把控。

#### 1. 建筑几何原型的语义模型

我们知道建筑空间是从单一到多元，从简单到复杂的变化过程。构建建筑空间模型也正是从此处下手对空间进行归类并区分，从最初的语义原语逐步拓展成为丰富的语义体系，进而将空间集合元素展现出来，分析它们的空间归属性及可操作性。可以说建筑本身并不能脱离几何图形而独立存在。简单几何形体多次后，将空间与完整的几何体抽离变化后，就得到了丰富的空间形式来适应复杂多变的功能需求，形成的重复空间又产生出独特的空间变化。用抽象的几何形体组成的建筑空间是通过简单空间形式的重复与演变而得到的，为此削弱了建筑单体空间类型的完整性，并在其各个形态上营造出积极的空间效果。

#### 2. 建筑平面空间变形与组合的语义形式

建筑平面空间可以是一种聚合的状态，将若干个几何形体叠加在一起而形成的过程，俗称为一个“加法”的构图过程。建筑平面空间可以是一种连接的形式重复着其分离的基本单元。相对而言，连接是在保证各个空间属性满足要求的基础上而进行的连接。建筑平面空间也可以是叠加的一种方法，是把多个几何形体重叠组合到一起而形成的一种构图方法。在使用过程中必须注意多个几何形体的连接相容问题，在空间形体穿插过程中避免削弱某一个空间而独立存在，也就是说要将每个几何形体都要完整地展现出来，将各自的轮廓表达到位，才能够构建此种含义的空间体系。

#### 3. 建筑平面空间分割与重组的语义模型

建筑平面空间也可以作“减法”的设计手法，将一个完整的几何形体从内部加以分解，同时尽可能地保持外部空间的完整性，这对于我们日常研究平面布局有着深远的影响。空间分隔起到一定的限制作用，将完整的、单纯的空间载体从几何内部空间中分离出来，组成若干个单一的空间体，分隔而成的几何形体的外部轮廓仍保持原来的空间属性，但在内部空间尤为凸显。基于这样的空间关系处理手法的巧合，在语义网络中我们也可以构建这样的分隔与重构的形式，以达到满足使用的需求效果，将现有的空间模块化后，谈论主题空间的存在意义，在建筑平面图中的表现则更为真实可靠。除了空间分隔外，再就是空间的穿套，将渐次缩小的几何空间体系嵌套在相同的形体之中，或者将它们进行多重组合也可达到设计效果。建筑外部空间和内部空间都是同一个形状，则穿套的可能性越大，反之亦然。我们在构建建筑平面空间分隔与重构时，需要建立的语义模型都是从其目标层、方案层、实施层的角度出发考虑的，从既定的设计方向去分解目标设计体系，将其空间连接的相关目标细化，才能最终敲定方案的设计需求。

### （二）建筑平面空间布局设计的语义分析

著名建筑大师勒·柯布西耶在《走向新建筑》的纲要中说道：“建筑的平面布局是根本，没有平面布局你就缺乏意志。”建筑平面图作为最初的设计方法是通过手绘的方式来实现的，由“泡泡图”作为辅助设计的方法是对建筑平面图布局的集中体现，设计的过程反反复复，随意拼搭空间配置已经成为常态。在这个修改的过程中居无定性，造成空间组织的严重混乱。如果从设计初期开始，将相邻区域空间列举出来、匹配出合理的空间组织，再将这种相邻关系简化为图的形式就与建筑平面图不谋而合了。特别是将语义网络结合到其中，创造出适合建筑平面图的布局方法更是如出一辙。建筑平面图中的空间划分、功能组织、流线布局都可以用语义网络进行描述，更为有意思是把空间转化为节点，把路线转化为相互关联的连线，那么节点与连线之间就构成了一种建筑语义网络关系图表（如表 2-3）。

**表 2-3　建筑平面图的邻接关系表**

| 空间区域 | 需要邻接的空间关系 | 空间区域 | 需要邻接的空间关系 |
|---|---|---|---|
| 1. 门厅 | 2，8，9 | 5. 贮藏 | 4，6，8 |
| 2. 衣帽间 | 1，3，9 | 6. 厨房 | 5，7，8 |
| 3. 卫生间 | 2，9 | 7. 服务走廊 | 6，9 |
| 4. 供货 | 5，8 | 8 餐柜 | 1，4，5，6，9 |
|  |  | 9. 餐厅 | 1，2，3，7，8 |

诚然，建筑语义的表述为研究其空间位置关系提供了语言基础。对转化之后

的平面图构建语义分析，是改变建筑设计中存在矛盾空间的必然体现。这个建筑语义网络摒弃了空间的尺寸、形状、面积，而是把每个空间的单元个体抽象为一个节点，研究的是空间节点之间的邻接拓扑关系，进而抽象地将建筑平面图逻辑化，以此研究平面图中空间组合的连接问题。构建建筑平面图的语义关系，完善建筑设计过程中的薄弱环节，将抽象化的空间关系语义化，不仅体现在建筑语义的形象化、活泛化，更体现了建筑设计的精髓之道，那就是具有人工智能的空间逻辑组合。

对于一个建筑平面图而言，我们要想构建语义关系，就要先从建筑平面图中的每个空间区域划分着手。把需要的空间位置进行编码，便于研究每个空间单元的位置关系。构建建筑平面网络图之后，我们就可以按照图中所示把各个空间单元划分到建筑平面图中。

### （三）建筑平面空间布局设计的语义重构

解构主义作为建筑设计风格的核心流派，核心理论是对于结构物的本身存在反感之情，侧重于单体建筑的研究胜过整体结构的构造。这种终极的、真理的、第一性的东西构成了一系列的逻各斯（Logos），背离真理就如同走向了深渊一样荒谬。同样，对于建筑平面图而言，设计本身并无定法，但都要追求空间利益的最大化。空间即存在着某种影响变化的语义逻辑，既能分解又能重组的空间更富有魅力之魂。我们选取建筑平面图中的户型图作为研究对象，从实际角度出发构建居住户型图的语义网络模型。我们选取两室一厅一卫作为研究基础，首先对这个户型图构建邻接关系表，将需要邻接的房间依次列举到表中，同时标出房间之间的邻接关系。需要注意的是，构建邻接关系表示必须满足邻接关系的基础。一旦邻接关系确定，构建语义网络的位置关系就不能随意改变，由此试图画出建筑语义网络的平面图。从图中可以发现，所画出的平面图相互交叉，这在语义网络模型中是不存在的，所以我们要进行交叉点的调节。经过调整之后，就可以构建出这个网络图表（如表 2-4）。

**表 2-4　建筑户型图的邻接关系表**

| 空间区域 | 需要邻接的空间关系 | 空间区域 | 需要邻接的空间关系 |
|---|---|---|---|
| 1. 主卧 | 5，6 | 5. 起居室 | 3，7，1，6 |
| 2. 次卧 | 3，6 | 6. 卫生间 | 1，2，5 |
| 3. 门厅 | 2，4，5 | 7. 餐厅 | 4，5 |
| 4. 厨房 | 3，7 | | |

可以看出，这个网络图已初步完成，与建筑平面图极为相似，再按此网络图

绘画出建筑平面图即可，这样就完成了平面图的绘制过程。构建建筑语义网络就是将常态化的建筑空间设计整合分析后重新排列，虽然在方法上比较麻烦，但在某类建筑空间设计构建而成之后，就变得极为简单方便。这也是语义网络的核心方法，把抽离的空间个体形象语义化，使其具有更多的灵动空间。对于这样构建出来的空间关系是最为恰当的，相邻空间的表述也更为具体明了。相对传统建筑平面布局而言，它避免了后期空间的变更而造成整个空间的缺失与不足。对于任意一组建筑平面图，其可平面化的程度都可以用矩阵的形式进行存储，将这些空间邻接关系转移到计算机中，结合语义网络的形式特点，将这些模型构建量化后就可以构建户型库为设计师所选择了。我们在设计过程中，采用这种方法极为简便。建筑语义网络的描述极为灵活，对空间的释放与集合自由体现。可以说建筑平面图被语义化后，会像人工智能一样，对判断空间的可行性更为客观公正。

任何建筑平面图都可以用此方法画出建筑语义网络图，这些建筑语义网络图以矩阵的形式存储空间的邻接关系。但若任意给定相邻关系，未必能画出相对应的建筑平面网络图。在此之前研究的户型图中，若从给排水工程师的角度来说，更希望将卫生间与厨房共用上下水管路。在之前的网络图中，若连接厨房与卫生间的相邻关系，发现与原图再次产生交叉路线，则不符合建筑平面图中可平面化的要求。如果我们把此交叉空间的路线分离开来，就可以绘制出相邻的位置关系。尽量把卫生间、餐厅与门厅相通，同时又希望让卫生间与厨房相连，进而希望两室有共同的隔墙以节省多余的管道空间。

我们采用外绕法将其邻接的房间相连，避免了原有路线相交的问题。对于某些房间我们也可以引入内廊解决空间的采光问题，但门厅就必须与外部空间直接连通。所以要想增加厨房与卫生间相互邻接的关系，我们就要改变互相之间的空间位置关系，而不会改变结构的组成方式。如果将卧室与厕所的邻接关系断开，把起居室与餐厅合并后，就可以得到一个新的建筑空间设计平面图，这样改造了原有的结构就可做出较多的方案。

因此，运用建筑语义网络对建筑平面图进行构建解析可以较快地做出可行的方案。对于早期的设计过程而言，房间的面积大小、形状比例、入口朝向、外观环境等多方面条件常常无法满足完成可行的建筑平面图。但运用建筑语义网络图可以提前分析出空间存在的不足以及邻接关系是否满足使用要求等。尽最大可能提供建筑平面图的多种模式，出现多余的相邻空间进行整合分析，就可以更加直观地修改原有的空间设计体系以及结构特点，为更好地满足相邻要求需放弃一些不太重要的空间单体，服从于整体空间的设计。通过建筑平面图的整合分析后，设计目标更为明确地体现出了建筑空间设计的有效利用效率。无论从空间设计再到空间组织，建筑语义网络的出现，迸发出了非常鲜活的网群语义，创造出适宜人居的空间环境、提高建筑平面图的优化效率是建筑师永不言败的话题。当今时代的建筑师不仅仅停留在纸面上的绘画，更要优化建筑对人类深刻认知的空间体验。

## 四、未来建筑空间设计研究方向

回顾建筑空间设计方法的可行性，皆在探索建筑新空间的创造历程，未来建筑必然会采用新技术、新方法、新组织等技术手段简化我们对美好生活向往的迫切需求，就像我们用互联网进行沟通交流一样。参数化建筑设计的出现就已经改变了建筑的设计方式和效率，提高了我们的生活方式。正如新的学习方式会改变我们的生活方式，新的商务系统会改变我们的消费模式，新的施工技术会改变我们的建造效率一样，新技术会促使建筑物中的可再生能源、材料周期利用效率，减少有害物质的超标排放。

建筑空间设计的思路在于建筑的组织形态上的敲定，形态决定结构形式，形式限定功能，未来的建筑必然是点、线、面的多种排列组合方式，进而形成不同的空间组织形式来更好地服务大众。

### （一）建筑空间与交通空间相协调

城市建筑物较多必然会引起交通空间的拥堵现象，而对充满破坏性建筑的城市而言，建筑空间与交通空间的分离形式则成为重要组成部分，在日益增长的城市化进程中，交通空间与建筑空间的有效分离、空间环境的延展及城市空间配套资源的整合利用都将发挥着重要作用。我们必须研究城市、建筑、交通之间的三维空间管理体系，将此体系构建出多种可能，运用层叠累加的方法、相互穿插的建筑体块、立体交织的交通空间路网等方法构建未来城市组群具有积极意义。

同时，整合建筑空间设计的创新方法。将交通空间运用到建筑空间中，达到互利共赢的综合考量具有划时代的设计意义。可以说未来建筑可以穿梭于城市之间，也可以说未来建筑游走于交通之上，这在现代电影里都有所涉及。

### （二）建筑空间与城市空间相协调

从单一的建筑空间到建筑综合体、城市综合体、商业综合体之间的演变，可以看出建筑物已不再是单一的构筑目标，其加快了城市化的发展进程。建筑与城市空间一体化的演变将逐渐缩小城市的边界，重新整合后会构筑出自由出行的城市空间，在此空间中形成人与人之间的互融互通，缩小人与人之间的沟通距离。

建筑固然是城市空间的重要载体，建筑创造了一个人性化的使用场所，又与城市之间完美融合，就像许多细胞元素一样，汇聚到一起就形成了整个群体。建筑空间的组成正是一个个细胞载体，不断发展演变，不断循环往复地膨胀扩张，更多的是单体建筑的整合与重构，加强对建筑空间的占有感、领域感，将丰富的空间单体连接成城市的整体，进而缩小城市的空间感、附属感。

建筑与城市空间的整合不仅在于单一体系的建立，也在于空间关系的占有与组织，将合理的空间组织体系构建形成完善的运行机制，就像机器零部件之间的衔接作用一样，既统一又相互协调，达到完整的运行模式，而建筑本身也将具有更充分的现实意义。建筑空间设计与城市设计都更加注重实体空间和虚体空间的相互转化关系，就像建筑的外立面对于建筑单体而言是建筑的外表皮，而城市空间的外立面却是城市的内膜一样，彼此之间相互交融，建筑单体空间的“外”是城市空间的“内”，内外只是相对的。因此，建筑空间创作和城市设计在城市建设活动中是一种整体式的设计关系，它们共同扮演着城市空间的角色。

### （三）建筑空间与城市生活空间相协调

建筑与城市生活决定着人们对美好生活的无限遐想，智能建筑给人们的生活提升了质量，使人们在选择的同时兼顾空间所带来的感受，未来的建筑与生活更是息息相关、密不可分。人们在建筑中寻求和谐的内在环境，更多的是精神层面的满足感，将城市生活融入建筑空间当中，自然是一种对生活的无限憧憬。未来的建筑将是绿色的建筑空间体系，更多的植被重新包裹在建筑的外表皮，变化发展的建筑科技也将装饰着空间的特有属性，并最大限度发挥其作用。

未来的时代不仅是建筑的时代，更是各种设计元素集合体的时代。在此所表现的建筑空间则是灵活多变的，未来已经不再限制某一特定领域的创作，建筑空间多元化、装配式地建造、建筑城市综合体的更迭都将是未来建筑的必然趋势。我们在这个空间里彼此交织与生活，熟悉与理解，就像 3D 建筑打印技术一样，不断变化出未来科技空间新模式。与此同时，城市空间已不再是单一的水平与垂直的空间转化，就像莫比乌斯环一样，人们都希望不会重复经过某一路线那样，人们也希望城市街道路线不会交叉那样，自觉遵守空间秩序所带来的和谐共处、自然和谐统一的社会生活关系。

# 第三章
# 动态群体智能的建筑空间形态图解设计手法研究

## 第一节　动态群体智能图解建筑空间形态设计解析

目前，建筑形式的可能性因建筑理念的百花齐放与建筑手法的不断新尝试而呈现异常活跃的态势。这些新的形式，复杂性与非标准形态有着符合自身的生成逻辑，并暗示了在自有完整语言体系下的生成过程。动态群体智能的研究因其对行为的虚拟再现在建筑学领域的长期广泛应用，也为空间形态塑造过程中思考人的行为指出一条可行思路。

### 一、设计动因——关于身体与空间的建筑观

在传统设计理念中，西方视角中的建筑内涵为对象化的实体，具体通过特定的几何、构图及形体设计使其成为一种与外部环境相独立的新创造。这一认知来自主客体二元对立的视觉理论，建筑实体仅以客体的形式成为关注对象，是人类视觉的焦点。受此影响，西方建筑设计的发展历史呈现出对建筑理想形式的追求。

在现代视觉艺术理论创新发展的推动下，建筑设计呈现出一种全新的发展模式。罗塞琳·克罗斯（Rosalind Krauss）认为，对物体的压缩可将立体建筑转变为一种水平场域，以一种“反形式的场域”概念对物体进行认知和解读，使其摆脱视觉客体的束缚与制约。20 世纪 60 年代到 70 年代，美国建筑艺术领域出现了极简主义艺术流派，并得到了快速发展，对当时的建筑设计产生了巨大影响。卡尔·安德烈从一种全新的水平角度出发对传统的立体式雕塑进行重新解构与实现；罗伯特·史密斯提出了大地艺术理论，将艺术的内涵从观瞻对象的局限中解脱出来，并将其理解为人类身体可以度量和使用的场地。与此同时，很多艺术家从各自角度出发对立体主义观点进行批判，并对艺术作品的科学表现形式进行了探讨分析。

在当代建筑理论中，实体的关注被逐步弱化。20 世纪 60 年代，Team10 和日本新陈代谢派的建筑实践使形式不再表现为孤立的个体，而是具有良好适应性的组织结构。建筑的内涵也不再局限于所形成的独立空间及相关聚合物的围合结构，而是建筑与内外部要素之间的内在关联在空间层面的具体体现。建筑不应与环境分离，而是应当实现二者的融合发展并相互提升，成为一种连续的空间形态变化。本书将有关人体的运动引入建筑空间创作的讨论之中，在设计上强调对人体的关注，甚至是以空间和人体作为设计的出发点，这一观念经历了长久的思想变革。

### （一）时空观的逐步变革

在现代时空观的影响下，数学、物理学、哲学等自然人文科学同时呈现出变革发展的态势。数学领域以非欧几何学的提出为代表，从逻辑层面出发对运动与空间之间的内在关联进行研究和描述。物理学领域以相对论为标志，爱因斯坦在推翻牛顿绝对物理学体系对时间与空间的定义基础上，将时间与空间界定为彼此影响、相互共存的因素，共同构成时空客体成为世界存在的基础。在相对论中，爱因斯坦认为运动的本质是空间位置的变化，但是物体的位置却是一种相对存在，并不具备绝对的位置点，位置仅仅是无限空间中的一种可能。哲学领域则以伯格森（Henri Bergson）的理论观点为典范。在他看来，时间与空间这一对关联要素呈现出本质差异。其中，时间的特征具体表现为异质性、连续性、潜在性与单向性，而空间的本质特征则是同质性、非连续性、现实性与并列性。伯格森认为，传统自然科学并未明确具体地区分测度时间与真实时间，从空间的角度出发对时间进行理解，并将时间作为空间的一个维度，这一做法是对时间本质内涵的一种回避。运动体现的是事物性质的本质变化，是特定时间与空间内发生的事实，因此，运动是真实的，并且其真实性同时存在于时间与空间的绝对差异关系中。

20 世纪 80 年代，德勒兹从电影的角度出发，探讨分析空间与时间的分离本质，他以电影作品中的画面为研究对象，对时空的结构特征进行研究分析，并对运动、空间与时间的内在关联进行探讨分析。根据电影画面的不同性质，他将画面细分为运动画面（Movement-Image）与时间画面（Time-Image）两大类，前者是指不同镜头画面的合理连接，这种合理连接是电影“感觉—运动”机制有效性地实现基础；后者是镜头画面的非合理连接，这种连接的不合理性将导致“感觉—运动”机制的崩溃，运动脱离空间，空间也将呈现一种空白的或者断裂的情形。

第四维空间的概念在近代的物理学和哲学中被提出，内涵复杂多变。爱因斯坦将时间处理为空间的第四维度，二者形成不可分割的“时空客体”。艺术家们的主观诠释与评论家的判断偏差使得现代艺术对于时空的创作多元化。最早的立体主义（Cubism）认为客观事物只有多维度的全方位观察之后，对其内部或客体的周围进行全面巡视才能准确理解空间的本质内涵。他们认为空间的本质存在于无数限定编制的关系网中。由于多角度观察意味着人与对象相对位置的改变，所以“多角度同时展现”通常被认为是在空间中引入了运动，创造出了第四维空间。

尽管对立体派的理解存在分歧，但立体派依然对绘画、雕塑等艺术形式的发展产生了显著影响，并直接促使了多个艺术流派的出现和发展，如荷兰风格派（De Stijl）、俄国的至上主义（Suprematism）和构成主义（Constructivism）、意大利未来主义（Futurism）和法国纯粹主义（Purism）。这些流派扬弃了立体主义在表现形式上的含混和偶然性，创造出了合乎理性的艺术形式，并且在各自的道路上继续探索着现代空间的本质和表现方式。

### （二）身体认知的萌发

身体，从被压抑、被忽略到被解放，经历了一个漫长的灰暗时光。从中世纪对身体道德上的压制到尼采提出“一切从身体出发”，在哲学上身体被放在受关注的位置之上。

在尼采这里，“身体就是权力意志本身”。福柯进一步认为身体是可变性的基础本体。作为本体，历史和权力以它为落脚点，而可变性特性使得历史、权力等要素都将对人类身体产生一定的影响作用。身体的可变性，也是尼采、德勒兹等人认为的积极的活力生产，是身体向权力集中的内在动力。福柯则认为，身体是权力改造的被动承受者，二者的关系表现为权力向身体的侵入。在过去很长一段时间内，尼采与福柯的身体认知理论同时被作为哲学研究的核心基础，但是二者的核心内容有所差异，前者强调主动性而后者则以被动性为主。上述观念的差异也导致了身体方向的彼此对立和相反，上述结论也成为现阶段身体本质分析的主要内容。①

主观身体主张主客观之间时间性的连接，线索是从伯格森到梅洛·庞蒂（Maurice Merleau-Ponty）。伯格森认为，首先，身体是感知世界的中心。身体经验包括施行动作和感受情感双重机制。知觉是虚拟行动，是将外界对象进行选择并将其表现在意识中的一种方式，对事物的知觉反映了主体意识的需要和指向。

① 朱诗意．当代传染病医院建筑功能智能空间设计的探析［J］．智能建筑与智慧城市，2020（10）：39—41.

意识与存在之物的距离是用时间而不是空间来衡量的。感觉是真实行动，几乎每一种感觉都包含在知觉过程中，因此我们可以从内部而不是外部了解事物。此外，身体是一个开放的结构，身体的每一次经验都浓缩着无数的记忆，记忆是差异不同程度地共存，异质空间的连续性必须在时间的线索上才能重新建立起来。

梅洛·庞蒂的身体理论重申和拓展了伯格森的重要观点。他认为，身体是一种通向世界的结构，是人类思想同外部世界关联的媒介和载体。也就是说，人体的身体是人们感知和认知世界与万事万物的基础。人是未知世界中的一种客观存在，人的感知成为世界存在的基础和依据，不存在意识之外的“自在之物”“世界就是我们感知的东西”。梅洛·庞蒂的身体是被定位、具体和充分感知的。同时，环境以一种整体性、结构性的方式作用于身体，其意义并不决定环境的物质内容，而是主体从环境中构造出来的观念。此外，身体通过行动与世界连接，这种连接方式是在时间的持续中发展起来的，也就是说身体的行动中包含着历史的意图，并且指向未来。

客观身体主张主客观之间空间性的联结，线索从尼采到福柯和德勒兹。尼采在《道德的谱系》中发展了身体的观念。谱系学反对传统形而上学连续渐进、追本溯源的做法，转而关注断裂和偶然性，“谱系理论研究的主要目标是重新确立身体及身体的客观性与物质性，重新确立身体的价值与意义，重新明确身体对历史的影响作用”。福柯将身体作为哲学分析的出发点和归宿，强调社会权力对身体的书写有若干种方式：通过对身体的教练和训练，通过长期的行动标准化以及通过空间的控制。福柯认为，身体具备被改造、塑造、使用的能力，完全被动地承受各种影响。建筑空间模式必须适应社会权力与身体的关系。德勒兹在尼采“权力意志”的基础上发展出一种作为“欲望机器”的身体，强调身体内部能量的积极因素和主观能动性，试图摆脱资本主义的欲望生产，抵抗日益制度化的社会机器。

## 二、设计基础——数字图解

### （一）图解的概念

Diagram（通常译为“图解”）一词在《韦氏当代英语词典》具有如下解释：“以图形为工具，对事物演示或解释的过程进行分析、演算和阐述。”图解的原始作用只是作为解释与说明的工具，对事物之间所存在的特定关联进行描述。在数字技术高速发展的推动下，图解也逐渐具备了思考与提炼的功能作用，同时呈现出与信息技术进行对话（dialogism）与互动（interactive）的功能特征。

1963年，学者彼得·埃森曼（Peter Eisenman）在《现代建筑的形式基础》一文中首次确定了“动态图解”的理论结构。动态图解理论不再局限于静态真实条件，而是结合动态变形处理将图解拓展为一个展开事件，动态图解的运行结果就成为一个特定的建筑设计。受埃森曼的影响，他的学生格雷戈·林恩（Greg Lynn）则以数字技术为工具对动态图解理论进一步延伸与发展，显著提升了该理论的动态特性。1999年，在其论著《动态形式》（*Animate Form*）中，林恩系统性研究分析了数字技术在现代建筑设计中的必要性与适用性。借助Wavefront这款3D图形软件工具，依据微粒之间的相关关系通过粒子塑形技术将粒子重新聚合构成一种新的结构。在理论观点上，林恩与埃森曼呈现出较显著的相似性。他们二人都以“图”为出发点，探讨分析一种新的获得目标解的方式。区别在于，埃森曼在确定图解种子的基础上，使用拆解、嵌套、复制、移动等物理措施开展既定单因子处理以获得所需结果，而林恩则在获得图解种子后，借助多参数的动态分析技术以其他多因子的“解”为自变量，通过迭代处理获得目标解。

**（二）作为“抽象机器”的图解**

在数字技术与图解方法有机融合的基础上，将诞生无法预测的建筑设计模式。基于上述两种技术的建筑设计方法即数字图解技术（*Digital Diagram*）。1966年，学者Allen Bernholtz&Edward Bierstone在其论著《计算机辅助设计》（*Computer-Augmented Design*）中探讨分析了计算机技术在建筑设计领域的可用性与必要性。他们认为，针对建筑设计日益复杂的问题，建筑设计师必须对传统的设计理念与方法工具进行创新和发展，才能确保建筑设计的质量水平与效率水平。作为一种先进的辅助工具，计算机技术应用同样具备兼顾建筑设计功能性与美学性的能力，从而能够开创一种全新的计算机建筑设计模式。

学者萨拉森（1986）较系统全面地对福柯及再现哲学理论进行了研究与论述。在萨拉森理论成果基础上，学者吉尔·德勒兹（Gilles Louis RénéDeleuze）进一步对福柯的理论进行了阐述和发展，将他提出的图解概念重新定义为一种函数关系，用于从部分不得不分离的、具有具体用途的矛盾与冲突综合体中抽象提炼出的一种特定关系。上述理解已经突破了传统意义上图解的内涵，使其不再局限于“画”或“图纸”的物质层面，而是发展演变成为一种抽象概念，为建筑设计提供科学有效的支持工具。这一支持性工具能够在充分结合现有要素的基础上通过处理、转化、应用等具体方法将相关成果直接引入建筑设计实践中，并在此基础上形成新的建筑设计方案。图解的抽象性也充分保证了该技术与数字技术的综合应用的可能性。

基于上述论述，数字图解的内涵可以具体理解为：在完整的建筑设计过程中，借助科学工具将与设计有关的主要影响因素进行处理，使其转化为特定信息价值的变量数据，采取计算机工具构建特定的算法对上述变量进行控制，并分析其内在关联，使用计算机将以上分析结果以可视化图形的形式进行输出显示。

在数字图解技术应用中，图解的动态生成机制是最关键的研究课题。生成性图解的首要功能是从事件的层面出发将建筑进行展开，并根据时间序列进行积累和持续发展，从而在运动的过程中完成结果的形成与积累。生成性图解的次要功能是将德勒兹的“圆形监狱”（panopticism）理论观点从社会关系引申至建筑设计，实现建筑的社会功能，也为其他人文功能的实现奠定基础。学者索莫尔认为，数字图解技术的出现和应用，将以图解这一全新的方式对建筑进行重新定位与设计，充分兼顾建筑的使用功能与社会属性。

### （三）活动性图解

活动性图解（Activity Diagram）是具体通过研究分析组织活动的内容与形式获得所需结果的一种图解技术，该技术不仅丰富了理论研究的内容，同时也为实践提供了更加科学和完善的工具。

在社会经济高速发展与人们观念变革的影响下，传统建筑设计理念受到巨大冲击，无论是设计方法还是空间结构均将出现显著变化。以住宅建筑、办公建筑、图书馆及博物馆等为代表的标准化建筑必须充分满足现代人多样化、复杂化的活动需求。而传统的建筑设计方法和空间布局理念则会因自身的局限性而难以满足人们的上述需求。

本·范·伯克尔、卡罗琳·博斯等人指出，现代建筑设计必须充分把握创新机遇，设计开发更加有针对性、个性化的建筑产品，从而积极有效地满足人们的动态活动需求。在积极推动建筑设计创新发展的同时，必须以技术创新为核心，摆脱传统建筑结构模式的影响和制约。在各类创新模式中，活动性图解是非常具有代表性的一种设计方法。

活动性图解以特定区域内的人群所实施的行为为对象，对行为涉及的区域从空间及结构的层面进行重新组合，从而更加直观地体现不同行为之间的内在关联。该方法的核心特点为组织性与渐进性，根据其具体内容，活动性图解可细分为三个不同的阶段性工作：一是理论背景及意义的研究阶段；二是对特定项目进行研究分析阶段；三是基于活动界限与空间可能性构建相应的模型。该方法与传统建筑设计的区别在于，传统建筑设计以不改变建筑结构为前提，仅对其内部空间进行重组，或者仅仅从建筑表面或机理进行创新，并未从根本上把握建筑设计创新的核心目标，从而导致建筑作品无法满足人们活动的流动性与创造性需求，限制了使用者的活动可能性。

活动性图解特点具体表现在：

1. 活动性图解具体以项目特点为基准确定应用模式。项目的固有差异将导致该方法的具体应用呈现出显著差异。

2. 部分分布于城市中心的建筑会受到各项因素的综合影响从而引发比较复杂的问题，需要针对容积率、交通便利性等影响因素，将其作为活动性图解分析的因变量进行研究分析，确保结果的科学性。

3. 虽然现阶段活动性图解的应用实践还不够丰富，其功能作业也未得到充分体现，但是并不影响其发展前景。该方法从建筑结构与使用者活动等本质属性出发，对建筑的整体结构与空间布局进行科学重组，从而充分体现建筑的功能性与社会性的融合与统一。

## 三、设计技术支撑——动态的“群体”

20 世纪 80 年代，学者 C・雷诺兹（Crag Reynolds）借助计算机软件创建了对鸟、羊、马等动物的群体行为进行模拟分析的模型，并提出了行为规则。例如鸟群，一是群鸟之间尽可能地保持最小距离；二是群鸟以相匹配的速度维持邻里关系；三是群鸟朝向由其邻里构成的组团中心运动。雷诺兹认为，动物的群体行为规则呈现出显著的局部性特征，行为规则的适用范围由个体鸟能够看到的相邻个体范围为基准。若出现较大规模的鸟群，那么其形成过程必然遵循由局部到整体的流程，鸟群随时都在塑造形状。

鸟群表现出显著的场域特性，其领域与整体形式并不重要，关键要素为特定的简单且准确的局部规则。与鸟群等动物形成的群体相比，人群表现出更加复杂的行为动机，个体的关系也很少采取预设模式进行设计。学者 E・凯那蒂（Elias Canetti）将人群的群体行为特征具体定义为发展需求、状态趋同、密度偏好、方向指引等。

学者斯坦・艾伦认为两个群体共同揭示了一个重要特征：人群和鸟群构成的场域都活动在控制的边缘。场域不是静态的实体，在场域体系中，任何表现形式都仅仅属于一种可能性的具体体现。场域现象也为建筑设计领域带来了一种全新的思路，即在研究分析人群群体行为规则与动态特征的基础上对建筑空间的几何形式进行设计。

### （一）群体智能

昆虫、鸟等动物以群居的方式共同生活时，能够通过个体之间的合作关系完成觅食、筑巢、御敌等行为，并实现其生存与发展的目标，这种以个体合作及互动为基础形成的一种群体性智能行为结果，就是群体智能的具体含义。

群体智能研究分析已经成为现代科学领域，特别是计算机技术领域的热点课题。借助非生物性的媒介工具对生命体的行为特征进行研究分析，探索生命发展的内在机理是人工智能研究的核心任务。通过计算机工具，实现对生物的繁衍、进化、自组织等行为的模拟研究分析，相关研究也为人造生命及人工智能的发展提供了有效支持。

在计算机技术高速发展的推动下，群体行为的仿真研究逐渐成为信息技术领域的热点课题。仿真模拟模型具体以计算机应用软件为工具，将研究对象复杂性的运动规律与内在关联进行模拟和预演，从而对不具备实现条件或者代价过大的复杂实验进行模拟分析，从而有效克服上述问题，获得相关难题的科学研究结果。

基于计算机图形技术与艺术理论，以自然界原有的集群生物的行为特征为基础，构建科学的计算机模型，尽可能体现研究对象的固有环境特征，从而通过仿真模型对生物复杂的群体行为进行研究分析。群体智能已经成为当前理论研究的焦点，形成了丰富的研究成果。在生物群体中，每个个体的行为都以特定的、简单的规则为约束，当个体能够充分遵从约束条件时，群体将呈现一种复杂的群体行为模式。这一结果揭示了低级简单的智能个体可以借助彼此之间的合作与互动来实现复杂的智能行为。具有群体智能行为的生物往往表现出优秀的环境适应能力，能够有效避免外界环境对种群发展的不利影响。由其表现可知，群体智能行为呈现出比较显著的灵活性、分散性、鲁棒性及自组织性特征。群体智能行为的基础为一定数量的简单行为个体，保持独立行为规则的基础上与其他个体以及所处环境产生互动与相互影响，在缺乏集中控制的前提下实现复杂的整体性行为。

在研究发展的推动下，群体智能理论体系不断完善，研究水平也不断提升，各类群组行为仿真模型也先后创建，为相关课题研究提供了强大的模拟分析工具。目前比较主流的群体智能算法有 ACS（Ant Colony System，即蚁群算法）、PSO（Particle Swarm Optimization，即微粒群算法）、人工鱼群算法等，各类算法正处于不断发展与完善的过程中。

### （二）群体智能应用

在生物学研究领域，群体智能模型发挥着无可替代的重要作用。通过观察分析生物的群组性行为，生物学家可将生物特性进行抽象描述，从而为仿真创建提供科学依据。而仿真模型分析结果也能够从理论层面揭示生物行为的科学模式，为生物群体行为研究提供更加科学有效的参考。

群体行为的智能建模及仿真分析也能够为其他复杂性、多元性问题的解决提供一种新的模式。部分生物群体行为与决策难题之间呈现出显著的相似性，可以为相关问题的解决提供一种科学有效的工具。例如，基于鸟群觅食行为的启发式算法，在解决群体路径规划问题、资源配置问题、通信网络架构问题、组合决策优化问题方面表现出积极有效的作用，极大提升了相关问题的科学水平。

在现代电影技术中，大规模个体集群的具体运动可以通过仿真模型方法表现得更加真实和自然，极大提升电影的真实性和代入感。例如，山洞中飞出数不尽的蝙蝠、大兵团作战数不清的战士和武器等，都可以用生物仿真模型进行生成和控制，既确保了电影优秀的视觉效果，也极大节省了拍摄成本。

此外，对于军事领域群体智能的应用也具有十分显著的意义。随着军事信息化的发展，军队作战能力在很大程度上受到武器装备的配给以及作战单位协同能力的影响。军队的运作管理模式非常类似生物集群的协同化合作模式，因此可以借助生物集群的行为模式，通过传感器对作战单位中的个体进行跟踪和管理，充分保证各个作战单位的合理运转，从而实现科学地作战。

在建筑学中，建筑理论家斯坦・艾伦将群聚行为理解为特殊的场域现象。群聚特性取决于简单且明确的局部条件，并非由整体的范围与特征决定。此外，他还指出群体的行为不是完全一致的，而是呈现出类似结构，群体行为表现是个体行为的最终结果，特征并不固定。人群和鸟群、蜂群难以控制活动，不仅在形式上给予启发，更将建筑学对传统的自上而下的控制形式转向更具有流动性的、自下而上的研究。因此，应用运动、人群的行为和所呈现的臃肿复杂几何形式为建筑学提供了探索的机会。人的行为参与使得空间并非僵化的形式而保持动态性，而行为的事件以时间的维度和场所的概念发生于空间内部。大量计算机软件能够利用现有的智能模型使人在三维虚拟环境中进行直观视觉化的活动行为。利用这样的手段，建筑师不再是孤立静止地处理空间，而是加入了时间的维度去处理空间与人行为互动。

## 四、设计手法可行性探讨

通过对身体运动、图解、群体智能的广泛探讨，均能迅速地建立起与建筑设计千丝万缕且密不可分的联系，无论是对于身体的关注在设计理念中的不断强化，还是图解作为设计的工具进行无限的形态生成，抑或是利用群体智能客观理性地呈现可视化动态粒子群体行为，都已经表现出对设计初始阶段的指导作用和必要意义。然而目前各部分的探讨是相互孤立的，本小节将从建立起三者之间关联的角度，探讨基于动态群体智能图解空间形态的设计手法的可行性及适用性。

## （一）建立运动与空间的关联

### 1. 运动的视知觉与空间体验

运动是人作为生命有机体的基本属性之一，身体作为空间运动的主体在运动过程中的动态、偶发和不连续等特征，直接作用于建筑空间的体验，同时也受到建筑空间的制约。通过对人体运动和建筑空间的认知，建立二者之间的联系，有助于我们更好地探讨运动中人与建筑空间的关系可行性。

正如前文所提及的对身体认知的觉醒，从尼采和德勒兹发端，身体成为现代西方思想的一个中心论题。对身体的关注正是发源于对西方形而上学传统的批判以及以笛卡尔为代表的强调主体与客体分离的认知论。梅洛·庞蒂认为，某一存在变化特征的固定要素是运动发生的前提基础，这种固定具体指个体在运动过程中与外部空间呈现出一个特定的连接方式，从而为运动的实现提供必要支持。运动有两种固定方式：时间性的和空间性的。前者是后来发生的对之前发生的保存和再创造，后者是时间的碎片，它是一些不断变化分离的点。无论是时间性的固定还是空间性的固定，都强调人的参与，否认超验性结构的存在。固定就是区分空间质的差异性，这种差异性体现为线性连续的不同强度或者点状分布的不同位置，在某种程度上说，固定就是差异。

德国雕塑家希尔德布朗（Adolf Hilderbrand）的《形式问题》（*Problem of Form*）提出了区别于纯视觉（pure vision）一种视觉模式运动视觉（kinetic vision）。运动视觉是指人通过对自身观察角度的调整在运动过程中对事物进行观察，通过多种不同的观察方式比较全面准确地对事物的特征进行把握。在运动过程中，个体的路线并不固定，从而在视网膜上形成多种不同的图像，通过图像整合确定对象的具体信息。在这种意义上，可以说，空间关系主要存在于运动视觉之中。

### 2. 运动的轨迹与空间

从功能角度上来看，空间平面设计中的路径承载了交通的联系作用，同时也是生活与体验发生的场所。身体的运动产生轨迹，而在传统的建筑设计方法中，建筑师从二维平面角度出发规定路径的形式，从而限制或引导身体的运动轨迹。

学者舒尔茨的《存在·空间·建筑》一书强调中心与路径分别表现出接近关系与连续关系，区域则是闭合关系的具体体现。个体为实现特定目标而移动位置所构成的线性轨迹，在特定的时空环境中将形成连续的路径结构，具有流动性、方向性、公共性、层次性、多样性的特征。流动性和方向性体现在建筑使用者经过路径到达目的地，在路径上移动而非长期地停留，路径引导人接近或离开中心，具有一定的方向性。使用者通过路径空间的联系作用到达各自需求终点，因此具有公共性。路径的功能需求、空间的联系活动的差异、使用者的偏好选择使得路径产生了层次性和多样性。

建筑由多种功能内容的空间组成的，将它们组合联系在一起，使之发挥整体功能的就是这种空间之间的联系空间。交通联系是满足身体运动的最基础功能，体现了建筑空间中不同区域、建筑内部空间和外部空间，另外还可以起到安全疏散的作用。

同时，人游走的空间也可以承载生活的功能，如闲暇散步、逗留、交往娱乐、集会观演等。若从物质联系（Physical Connection）的层面出发对交通功能空间理解，则对应的可将其生活功能理解为社会公共联系（Communal Connection）的一种特殊形式。学者舒尔茨指出，场所的意义同时表现为实体形式与精神要素两种不同内涵。以场所的视角去理解此类空间，其基本功能是为人们生活提供实体基础，即首先发挥交通功能，是人与人的联系和人与自然的联系的重要场所。同时也是建筑或城市地缘关联的具体体现，是人际关系形成与发展的环境条件。以功能空间为核心对满足身体活动行为进行空间设计，从而对内部不同的功能区域进行连接使其构建成为一个完整的整体，并且各类功能空间分别通过各自独特的形式展现出来，当人们穿越这些空间，空间同时性作为时间序列被体验。

**3. 运动与空间的联系**

以传统建筑设计的视角来看，身体运动受到人类个体生理状况、行为模式、环境因素的影响。在建筑内部的空间形态体系建构主要作用是对个体身体运动模式的引导和限制，因此空间的形态特征影响身体在建筑中的体验。

空间的形态特征具体表现为结构、布局与界面状况，是建筑空间环境的构成要素，并对人体的活动行为造成特定影响。其中，结构是建筑空间设计的核心要素与连接枢纽，能够为人们了解空间提供引导性的归纳。空间的使用者按照空间的引导进行运动，在此过程中对空间特征进行观察和体验，并与空间之间发生特定的关联。

空间对运动的影响，具体体现在空间的引导性与动态性特征。引导性是指空间形态的线性延伸形成非常显著的指向性，从心理层面引导使用者按照设定方向进行运动，通过对视线的引导形成心理暗示，引导并驱使其向路径所希望的方向运动，从而实现个体从一个空间区域向另一个空间区域的转移。动态性的特征则是在特定空间内所呈现的视觉动态及趋势。

对于个体在空间内部的运动而言，空间界面的影响作用主要体现在界面所含信息对运动形成的吸引力。界面的质感、纹理、色彩、光线等信息要素都将对人的感知造成特定影响。正如拉斯姆森在其著作《建筑体验》中所说的，界面具体表现为界面的质感效果、色彩运用、内部采光等要素对使用者主观感知的影响作用。

谈及建筑空间使用者自身对于身体的空间体验影响，学者布鲁诺·赛维指出，人体在建筑内部运动时，会形成连续的视点观察结果，从而形成对事物的认知。也就是说，个体的感知将成为空间存在的基础，感知的全面性将直接影响空间的真实性与完整性。人在空间运动过程中，视觉感知是最直接也是最基本的信息获取模式。运动过程中得到的感知在四度空间内将呈连续性规律，感知最重要的特性就是时空性。

运动过程中形成的记忆也会通过反复叠合而形成特定的认知结构，从而比较完整地了解空间各个区域的内在关联与相互影响，在此基础上形成对空间结构比较直观和完整的感知，从而使得运动者形成特殊的情感体验，并在运动和记忆的过程中不断提高认知水平和体验强度，最终实现内在心理要素所形成的认知体验。由此可知，从整体层面出发对空间结构进行科学设计，确保不同结构之间的逻辑关联与合理互动，能够营造一种完整、流畅、舒适的空间感和运动体验。

从以上的探讨可知，空间形态是人体运动体验的核心影响因素之一。所以在建筑设计的初始阶段对空间的形态塑造需要充分体现身体运动的功能作用，有效激发运动热情并产生良好的体验，反之身体的运动对于空间的塑造亦起到了激发的作用。

### （二）借鉴自然现象的建筑设计手法

对自然界的观察与研究贯穿于人类历史的全过程。早期的探索具体表现为对自然界复杂元素的崇拜，这种自然崇拜在建筑设计领域表现得尤为突出。但在现代文明高速发展的今天，建筑设计中的自然崇拜逐渐消失，直至现代主义建筑理念中自然崇拜的特征则下降到最低程度，这一现状也激发了人们对自然要素重新研究与探索的热情。非线性理论的出现，为人们带来了一种全新的认知观与探讨模式，实现了基于本质特征的复杂自然形态的研究分析模式，促使建筑设计向自然形态的回归，推动了建筑与自然的融合发展。

自然界中存在着一种复杂与活跃“集群”现象，带有一种流变性。以迁徙鸟群为例，一只鸟的简单动作属于基本智能行为，并不能对整体形态工作产生明显影响，但是如果智能个体互相影响形成作用结果，就形成了智能集群现象，这个过程就是“自组织”关系的呈现。

对于建筑设计原理来说，这种固定形态虽然能够将建筑特征凸显出来，但是结合周围环境可以看到相关的空间组织逻辑关系，这些都是能够看到集群现象的重要位置。可以通过同质、异质等载体相互作用关系，将建筑师设定出的行为准则实现多元运动轨迹的规划，并且保持稳定状态的时候，能够让建筑师选取图像中的个别元素。这正是本书提出的设计手法的基础与工具，本小节将对智能集群的数字化建筑学形态设计进行探究，以提供设计手法可行性的理论与技术支撑。

**1. 以同质集群组织形成形态**

在建筑功能简单的空间塑造中，同质个体呈现统一的特征代表人群的行为是一种十分有效的办法。相同规律下引导出的集群模式，基本上差别只存在于量上。传统设计分析中的“人流”就属于一种同质集群自组织形态，表现出与鸟类迁徙相似的行为原理，但是复杂度更高，可研究价值更明显。传统对人流方式的分析使用的都是经验数值，能够得到的结果也是较为粗略的。其实人群流动的变化并不是单纯的流向性，更重要的是一种“动态体积”，需要通过对外部影响力要素的分析，完成基本人类心理活动方式的倾向性分析。对于传统图解方式来说，这些手段表现力并不明显，所以在对人员集散特征进行分析的时候，要考虑到建筑空间、同质集群自组织之间的对接关系，将人群流动情况按照分布关系确定，生成符合建筑形体方法的空间设计模式。

**2. 以异质集群组织形成形态**

同质集群效果以外的组织，被称为异质集群，这种集群模式存在的情况更为广泛。在德勒兹对块茎的描述中，主要通过分析兰花、黄蜂之间异质互惠功能，将二者互动联系相关部分作为描述中心，通过将二者演化形成互动结果，让人们更清楚地理解这种互动关系。这种演变并非单纯二者之间的互动，而是存在于被其描述为开放性领域的相互作用关系中，所研究的两者都与外界更多的其他个体存在无法割裂的互动联系，将个体互动关系形成更为扩大化范围内的有效理解，对异质集群提供更有价值的空间环境。

清华大学徐卫国教授带领学生对北京奥运信息亭进行设计就是一个明显的案例。在这个案例设计中，我们可以看到设计者利用块茎作为基本概念，将建筑物生成全过程进行分析，通过将人群设定为表现为相同属性的同质集群个体研究，利用不同个体形成的集群关系，将人群和建筑之间存在的异质元素关系进行描述。使用 Maya 软件，利用粒子系统完成电子概念的分解。通过对人群进行抽象化地处理为单个电子，建筑物功能本身被抽象化成为一种正电荷的模式，吸引的自然就是负电荷元素。在进行建筑物设计的时候，考虑电子元素对信息亭服务范围的影响，通过代表功能体的正电荷吸引方式，将建筑功能与建筑本体进行对接，这是保持虚拟世界集群现象真实性提高的重要步骤，可以将动态稳定建筑形态合理性的完善，并融合到实际建筑物建设中。

**3. 群体智能辅助建筑设计**

关注人身体的行为模式以及借助集群的涌现这一自然现象来进行建筑形态的设计，提出设计手法，并构建起以此为基础的设计理论与体系看似是一种全新的思路，实则并非凭空构想，在大的建筑学范畴中已经进行了多年的尝试与探索，并逐步得到了广泛认可和应用，本小节主要对这一设计思路进行归纳总结，为设计手法的可行性提供事实依据。

集群指的是小规模离散元素大量汇集后形成的群体规模。智能集群能够实时互动进行自下而上的反馈，对程序驱动来说，可以将其关系法则进行简单复杂的空间划分，通过运动执行者将元素进行转移，形成基本动态节点探索集群智能关系的模拟方式。根据潜在规律与参数变化的情况，将简单建筑形成相似性关系的建构，实现变量构成系统相互作用的更新。

群体智能算法被应用于建筑的安全疏散研究中，通过疏散的仿真过程，对建筑安全性进行有效评估。对群体仿真研究的行为，主要通过行人遭遇紧急情况时的疏散行为反应，通过对个体行为人的研究，确定人在遇到紧急状态运动建模的轨迹方式。这是以抽象数学描述来建构人体运动模型的重要步骤。由于这种建构行为非常复杂而且困难，行人虽然是独立个体，但是在智能集群中是被作为元素进行考虑的，需要将个体智能特征进行描述，同时将不同元素差异性进行标准化的分析。通过个体角度将不同特性智能体进行描述，完善对集群功能和形态的规律研究。以行人规避障碍物的行为来说，相关表现会集中在街道拥堵，出现紧急情况等方面，这些都是行人行为出现明显特异性的情况，所以对人群疏散的仿真，可以通过软件来完成特定场景规律的描绘，这是对建筑物疏散能力进行评估的方式。

在建筑设计中，Kokkugia 事务所根据集群智能设计来形成项目，通过城市区域、建筑单体等的实践来完成一种自下而上设计，将建筑集群模式进行描述。其中一个案例选择墨尔本港口建设为研究样本，通过对集群智能技术传播与发展的应用，借助自主代理（Autonomous Agents）模式相互作用来完成自组织行为发生情况的分析，使得城市设计的模式由平面向算法进行转变。这种概念设计主要是将城市中不同结构下局部组成或者微小元素进行连续比例缩小，并且将多个过程实现有效的相互作用构成系统。城市化概念在事务所的研究中呈现为将政治、经济、城市发展等行为相互制约的作用力系统。①

对于群体发展来说，需要得到符合标准需求的个体数量来支撑，这是实现城市网格集群应用的重要前提。将城市关系进行复杂而细微元素的汇总，这些都是实现城市集群发展的动力。Kokkugia 事务所将城市集群生成过程进行多元形态代理系统应用方式的探索，将不同项目涉及的元素进行汇总和推广后，按照集群传播意识将形态自生成结构按照逻辑关系进行，内涵丰富。Kokkugia 事务所将当前各个技术平台代理代码等进行数据库的建设，发展到目前已经实现 Processing、Python、Rhinoscript 等代码库推广，通过作品可以看出，这种集群关系的领域、形态、事件等，能够通过集群智能不同形式来完成内涵延伸。

Kokkugia 事务所的项目起点和先决条件始终关注“代理”（agents）这一核心，实现数据算法上的规则与秩序的划分，通过对自组织的解读，实现程序上的编写，将这种编写方式形成代理关系，并且由此及彼地完成项目循环。这是一种集体秩序整合与排列关系的展现，能够将环境作为物种筛选的重要条件，将自组织贯穿在整个事件发展过程中。城市集群化方式的出现，借助“代理”来完成过程运行轨迹的分析，将代理概念通过设计方式完成对城市事件的分析，并通过城市元素、城市布局等编译智能要素的归纳，将自组织程序实现运行模式的增长。类似蚁群集聚形成方式，或者将代理类别与黏菌细胞的最短程系统方式，将这类集群现象作为描述集群代理运动图形规律，将城市平面创造关系，实现智能系统的构成论证。

这些实验项目都利用了基于向量轨迹的形态生成过程，譬如蚁群算法和 kokkugia 事务所的集群智能，特征是系统由无规则运动个体组织关系来完成大量集合，这是生物学中所说的集体行为（group behavior），以 agents 作为寻找外界限制条件最优路径的工具，探索过程通过迭代关系的确定将建筑拓扑结构形态进行放样处理。

① 孙喆，席雪宁，薛程等．智能空间感知下的人居交互情感体验［J］．人工智能，2020（05）：96－104.

# 第二节　动态群体智能图解建筑空间形态设计策略

## 一、图解原发掘设计策略

当前图解原主要是从以下三个来源进行发掘设计：一是通过对学科研究和项目分析，建筑师本人根据自身理解来完成对图解原的描绘；二是建筑师将项目信息大量收集后，利用图解方式进行软件模拟与生产；三是利用不同图解素材能够将项目关键因素共同作用构成图解原。

针对不同的设计议题，图解原的来源途径呈现多种可能性。在建筑的空间形态生成过程中，本书强调了对身体行为的关注，希望通过对人运动的回应来塑造适应空间的形态，同时，任何建筑项目都不应该忽略其所处场地环境因素带来的对话诉求。因此图解原可以分为外部的环境限制条件和内部的空间形态生成诱导因素。通过对两者进行进一步细致的关注，提取出对形态生成有影响作用的参数，从而服务于下一步的参数转化为形态的过程。

### （一）关注外部条件

基于动态群体行为的运动结果的图解，将身体运动行为的自组织作为图解原。然而，作为坐落于场地中的建筑，无论是传统的设计手法还是先锋设计理念，都离不开对项目环境条件的挖掘或回应。场地信息图解（indexing）阶段正是将现有信息转化为参数模型的过程。利用场地信息描绘、信息图解，综合并提取现有的场地信息来完成场地信息要素的系统划分，并按照动态图解方式生成。对于这样的动态外部因素图解原发掘，并非简单化的标示性指向，而是一种带有指示性功能的过程。19 世纪 80 年代前后，语言学家皮尔斯对“指示性”做出解释，它代表着不同层次两种事物在时空中映射关系的分析。当前不同事物在时空中形成关系，简单来说，它们所携带的信息预测与解读都是需要通过映射完成的，例如，乌云的出现说明可能要下雨，这就是一种映射预测方式。对于场地信息的挖掘强调的正是这种动态性的映射关系。G. 勃罗德彭特将理想模型进行建构，通过对人、建筑、环境等因素的描绘，可以看出这种参数分析主要是集中在过程系统中，包含环境、建筑、人三个系统的参数（如表 3-1）。

**表 3-1　环境、建筑、人三个系统的参数**

| 环境系统 | | 建筑系统 | | 人系统 | |
|---|---|---|---|---|---|
| 文化文脉 | 物质文脉 | 建筑技术 | 内在环境 | 用户需求 | 业主动机 |
| 社会<br>政治<br>经济<br>科学<br>技术<br>历史<br>美学<br>… | 1. 场地情况<br>2. 物质特征气候地质地形<br>3. 其他约束<br>土地利用<br>原有建筑<br>建筑形式<br>交通形式<br>法规限制 | 结构系统<br>空间划分系统<br>设备系统<br>安装系统 | 结构体系<br>围合体系<br>空间感官<br>环境采光<br>热工/通风<br>声学控制 | 机体需求<br>空间需求<br>场所位置<br>感官需求<br>社交需求 | 回收投资<br>扩建<br>改建<br>特定活动需求 |

上述三个因素能够划分的层次有两个，一是内在系统；二是外在系统，分别指的就是建筑系统、环境系统/人系统。首先需要强调的是建筑系统本身是建筑项目设计的主导力量，而后者的抽象化图解，可以作为有效的结构在建筑系统的生成过程中进行动态描绘，结果则是新的建筑形式语言。这并不等同于建筑系统是一个被动激发的等待系统，而是应该利用对于外在系统的图解来完成形式动态的激发，从而实现作为主导的内在系统（即建筑系统）的合理流通。

不同于埃森曼所定义的建筑内在性和外在性，上文所提到的内外系统存在是三种系统两个层次的动态平衡，外在系统的结构体现将建筑项目实现有效完善，这表示对外部条件的关注是研究通过不同因素间的映射关系分析，形成稳定而有效的自组织关系。

在项目的设计过程中，建筑师是场地环境的体验者，环境是被体验的对象，然而两者之间信息的反馈使其成为不可分割的整体。因而在此需要强调排除任何先入之见的分析方式。通过对场地完整的体验，在实际的观察中发现任何对设计者有用的关系和结构。“从传统的经验性的设计方法还原到了直观及直觉方式，通过建筑空间、形式塑造等作为观念目的，实现对空间、形式等建筑诸因素的处理作为手段，用其来建立体验模式。”

建筑创作中存在大量对于场地信息富有洞察力的例子：MVRDV 在对各地建筑的考察中发现，在城市中，纷繁芜杂的事件以无组织的形态发生，然而其混沌却有内在逻辑，像一种引力场暗中存在着。例如，因为荷兰和比利时之间的税差，使得边境上的村庄发展成了沿边境线的线性城市。建筑存在于城市的环境之下必然涉及数量繁多，种类广泛的数据，MVRDV 数据景象（data-scape）实验通过对城市和建筑设计过程中的大量数据进行分析，建造空间，将信息量化之后转化为物化的空间形态。通过对现实场地的信息进行统计学分析和精确的计算，视觉化语言呈现出的无肌理、无材料性、无构造性的数据景象正是对于场地外部条件发掘的结果。

对场地的体验视角进行建筑设计实践，无论是像本书中利用动态群体图解空间形态，还是提出更多新的设计手法，首先都能完成对建筑项目自身的基本现象学论证。史蒂芬·霍尔（Steven Holl）在对地域主义进行批判，实现建筑与场所之间的重新联系中，强调了场所的“体验”。他认为：“建筑是与场所体验并生的，从建筑学的起源开始，建筑和场地就分离了。过去，它们之间的联系是通过利用地方材料和技术，或与历史及神话的关系不经意地表现出来。现代，作为现代生活结构性改变的一部分，这个连接应找到新的方式。”

面对不同特性的场地，体验者需要根据多元设计理念将影响因素进行不同视角的分析，以获得不同的设计方案。针对场地本身复杂特征的差异化视角认知也将呈现出多元化的、差异化解决方案，这些答案上的差异，正说明现代建筑生成因素能够获得理论研究与要素提炼。

### （二）关注群体的行为特征

复杂的群体行为核心问题在于通过“原型”将场地矛盾实现最大化程度地解决。在著作《原型》中，Zaera 和 Moussavi 将“原型”所处位置进行领域内涵变化的作用分析，他们认为这种非封闭式领域内原型从本质上表现出通用性的特征，却在实践中呈现独特性。

通过对核心问题进行分析，自下而上地进行通用化数据研究，寻找通用特征，从而最大限度满足原型变化情况能够被有效描述。MVRDV、格雷格·林恩对建筑图解原理的描绘，都是通过软件完成模拟的，前者更注重前期数据研究，其研究核心是将制约因素数字化处理为可直观表达的图表数据，这是“数据景象”概念提出的过程。林恩则注重动态性的生成表达，将设计参数通过动态软件模拟，完成动态连续形式的总结，截取变化形态某一特定时间节点。对身体意识的觉醒以及建筑学中的时空观变革使得人体运动成为新的图解原理以指导设计。对于人类，其存在方式是以运动为核心，这是作为生物有机体的自然属性，但是经过社会属性的发展，人体运动特点变得更为复杂并存在不确定性，通过对群体行为的特征分析，提出合理的可适应的原型是设置图解原参数的必要条件。

复杂人体运动行为主要包括以下几种特征。

#### 1. 动态性

存在于空间中的人以动态性特征表达身体与空间的对话关系。人体的绝对位置变化以相对论的视角可以认为是自身处于静态空间环境下的轨迹发展与变化，也可以通过对比的描述，将人体在空间运动过程转化为静止身体与空间转化的关系。因此，人在空间中的运动可以看作动态身体与动态空间的互动关系。在人体行为的运动变化中，因为人体位置的变化，整个运动过程中，空间呈现出丰富的动态变化，关注普遍性的动态规律成为图解原发掘的必要过程，将人的行为设定于空间之中，关注动态的空间以何种形态产生与人交互，关系到原型的发展。

**2. 偶发性**

通道是对身体运动行为引导的系统，跟人体在空间运动偶发性情况结合后，按照建筑物设计方式和周围结构关系的描述，可以将设计空间中的要素按照运动轨迹进行调整，完成使用需求。目前大量的建筑设计实践中，空间的联系仅仅是简单实现个体从一个位置到另一目的地的运动。对于个体来说，单纯从整体中检验个体行为，一定会使人产生困惑感，因为我们不能判断所有人的行为方式。对运动行为本身进行研究，能够将人体运动能动性进行观察。不少行人都会选择自己认同的捷径距离，这种目的性很强的运动方式，让有明确目的的行人对捷径近路的选择更直接，因此设定图解的原型时，偶发性行为最终存在自组织的可能性。

**3. 异质性**

同一知觉时刻，人体既以意识状态形式存在，又独立于我们意识之外进行现实行为。因为运动是真实的，这种真实性可以体现在绝对差异性共存关系中。所以，在空间中对人体运动规律的分析能够看到一种异质性特征的描绘。

**4. 不连续性**

运动发生位置处于特定空间中，可以将运动同质性空间中不同媒介点进行瞬间时刻的对应关系延伸，通过完成具体时间节点运动状态的捕捉，可以将基本的空间运动变化情况，按照传统观念完成基本的因果关系分析，提高运动与空间分离性。由此可以看出，空间中人体运动规律并没有连续性特点。

以上对身体行为特征的系统性描述正是一种通用性的原型表达，而针对特定项目中的人体行为进行进一步的原型提取，从而完成图解原挖掘在不同项目中的独特性与多样可能。

## 二、群体动态参数转化设计策略

设计者在挖掘项目内部、外部限制条件之后，明确了以群体作为图解原理这一基础，以进行生成性的图解设计。参数转化通过建筑师对限制条件进行计算机语言转化后，可以确定算法程序与参数调整过程；规则参数转化过程是以抽象图示做递增变化的处理过程，建筑师能够通过将图解作为抽象机器进行具体操作。

### （一）程序引导形态生形

在设计内部与外部限制条件确定后，我们可以看到一种复杂系统的生成，这时建筑师通过选择相应的参数化工具，将这些条件以及互动关系实现符合规则的整理。经过对参数之间关联性的转化后，将虚拟模型作为描述建筑体量、空间形态、结构模式的重要前提，在这一阶段中建筑师可以根据自己的喜好和需求来选择三维造型软件，也可以与编程人员交流沟通，借助其专业知识对软件进行修改，形成新的更加具有专属性的软件类型。

现阶段三维造型软件分类很多，就建筑设计领域而言，可以将其分为：计算机辅助设计（CAD）软件、计算机辅助工程（CAE）软件、建筑信息模型（BIM）/计算机辅助制造（CAM）软件三种。基于动态群体的图解设计一般借助 CAD 软件来实现图解的生成性。

利用建模、脚本编程等方式，不仅可以完成基本几何形体的塑形与修改，而且大量软件还能借助脚本语言进行扩充，如 3DSMAX 平台的 MaxScript 等。由于对编程知识存在较高要求，大量的图形化程序因为其友好的语言界面逐渐进入建筑设计者的视野中，Rhino 平台的 Grasshopper 插件就是一款被广泛利用的软件拓展。

此外常用于科学研究的一些软件也常常给建筑师提供一种具有空间性的思维方向，可以将模拟结果应用到实际运用中。在前期设计时需要对数据进行推敲，并且将软件图形输出功能进行分析，这种图示性较强的结果可以为建筑设计提供较为精准的数据模型基础。此类软件在建筑行业的应用范围虽处于相对狭窄情况，但是生成设计的发展前景良好，必然会得到更多发展空间。

Rhino 平台的 Rhinoscript 在建筑生成设计领域广为熟知。一是 Rhinoscript，是以 Rhinoceros 为三维平台建设基础的，通过对绘图命令的编程处理，有效减少建模中计算机图形学重复性问题；二是 Rhinoscript，通过 Rhinoceros 作为脚本编辑平台，利用成熟计算机程序语言 VBScript 进行数据编辑，或者第三方编辑平台 Monkey 等多种方式。因此从应用方式和结果来看，已具备一种全面性、易操作性和建模价值，在各个建筑设计项目中应用效果都很好。

Maya 软件平台的 MEL 同样功能强大，这种脚本语言可以为工作项目实现对 Maya 的直接控制，实现操作界面和功能调用的高度定制化。值得注意的是运行速度缓慢、效率低下的问题。

3DSMAX 的扩展语言 MaxScript 因其语法规则、格式化规则较少，使用非常简便、快捷。首先，可通过按钮设置功能命令并记录交互过程，使用矩阵、3D矢量等工具，可将MaxScript软件作为高级程序设计的工具，可以完成对大量数据的编辑、批量处理，能够将使用者动作流程进行记录，减少机械式操作重复次数。

Processing作为新型计算机语言，来自电子艺术的环境之下，极富创新精神，在建筑设计等领域焕发蓬勃生机。从本质上看，它是JAVA语言的延伸，却做到了更为简化，操作起来更为简便和人性化。Processing可在不同计算机操作系统中运行。此外，processing能够对运算结果感官化处理和清晰图像反馈。由于人对视觉信息反馈的高效处理能力，使得processing有助于人对抽象逻辑法则更好进行处理，实现对具体空间感知效果的描述。

Grasshopper运行环境为Rhino，特点是不需要掌握大量编程语言就能够将流程方法实现精简步骤的设计。此外参数建模的修改能够得到及时的视觉回馈，实现参数建模可视化目标。而且该软件价值还体现在独特的逻辑回溯，通过对单一相关变量的调整可实现模型最终形态的效果确定，这种逻辑方案与建模关系的对接，通过Grasshopper软件就可以将参数进行合理调整，并且不断地将参数调整模型进行形态上的优化。

### （二）参数控制数字变形

本书提出基于智能群体的图解设计是因为在过往的设计中对于行为模式的关注与分析存在明显自主性、主观性。人体在特定环境下所表现出的行为方式应该用于引导设计，而非强加于设计之上。当设计概念确定后，环境和适应的智能群体模型被导入程序中，此时设计要经历一段时间的纯粹客观数据操作。主观的“想法”“设计”等干扰因素都被剔除干净。好似一次科学实验，在对建模过程的参数输入方式进行分析、假设、确立，将各个参数关系确定并赋值后观察生形与变形的表现，随后对已经图像化的数据收集整理，将其作为建筑雏形基础。

值得注意的是，虽然经过计算机软件的模拟后，可以将项目的生成逻辑关系理顺清楚，但因其结果可能不可预知，所以常常并非可以直接利用，因此需要设置便于对参数进行修改并迅速得到回馈的参数输入机制，从而有效对接定量化地调整计算机模型，满足动态性设计方案的解读需求。通过建筑师本人对知识信息的广泛摄取，并充分调用发散思维和逻辑思维进行空间构思。在进行空间形态生成的时候，确定限制条件之后，将参数与模型交替调整直到出现满意结果，这样的不断调整过程是动态群体与环境参数之间变化中自组织的涌现结果。

数字技术被应用到建筑行业后，可以通过计算机程序对参数改变自发变形，阻断了人为主观性的过程。该行为全过程都是通过计算机操作完成的，人工设置参数对于这一过程仅起到模糊的关联关系作用。因此这样的操作过程常常能得到意料之外的结果。在形态上，参数变形是一种“平滑式”的变形方法，能够展现一种“柔性”状态，指的就是建筑物形态构成要素始终存在着多元化关系，可以在连续性区域中形成相互混合的状态，又能将自身完整性展现出来。虚拟运动力的概念往往被应用于平滑柔性形态的变形，格雷戈·林恩的研究成果是其代表之一。他曾表示，在动态变形的过程中，力是个体运动和形态变形的初始条件，通过力场、矢量、运动方式，建立一种符合设计初衷的平滑混合模态。

对于这一类设计手法的变形来说，参数是根本。在此过程中影响因素汇总到一起，最重要的就是建立相互之间的关系或者规则，并不需要将模型彻底修改，只要对参数进行结果分析和调试，就能够得到更好的设计成果。因此，整个流程虽然首先是建立在对图解原的挖掘基础之上的，以确定需要输入进软件的信息即参数。同时，我们需要关注参数之间复杂的逻辑关系，从而进行相互关联的整体性图解，并在参数的调整过程中获得最优的方案。

在曼哈顿港务局大门设计中，林恩针对雨棚形式的联系因素被作为设计关注的核心，由此展开“场地力”的研究。最终人流、车流这两个因素被确定对形态有着“力”的作用，经过计算机模型的数字化图解后，可以将数字变形过程中的参数控制实现。

由于大门位置处于城市交通核心点，林恩根据这个特点，将流线性要素作为设计主导，对场地环境进行设计后，确定使用 3DS 软件中的粒子，将周围的人流、车流等情况进行动态模拟，将场地外部环境流变情况进行确定，通过虚拟环境对周围轿车、公交车、自行车，以及行人、轮滑、滑板等在陆地、天空、水面等环境中的要素形成流线型的粒子流束，从车站入口斜坡处被发射出来，将对应的速率、重量等进行模拟，通过速度流线粒子流相互影响创造引力场，在持续的粒子发射之后移动的轨迹最终形成连续的管状物，之后在管状物中间植入拉力膜形成雨棚的最终形式。

## 三、建筑雏形向空间转换设计策略

利用图解跳出了传统设计理念，将空间、比例造型重新推敲后，使得建筑师进入理性的逻辑之中，不再受到比例构图、形式造型美学概念的桎梏。因此，建筑雏形向空间的形态转换过程需要注重对于图解逻辑的延续。如何将空间形态暗含对图解结果的理解，是这一三维空间操作过程的核心。建筑的空间形态既是建筑内部空间的外部表象又是形成外部空间的内在本源。具体来说，基于动态群体的图解建筑空间形态生成过程中，根据人在空间中的行为特点、建筑空间彼此间特有的相互作用以及联动影响，突破固有的建筑形式限制。

### （一）突破笛卡尔坐标系

在现代建筑中，建筑空间的设计往往以笛卡尔坐标体系作为参照，三维空间中人的运动也是受笛卡尔坐标体系的约束。上一章对人体运动的特点的探讨正是寻求这样的一种突破，实现对身体的解放，新技术的诞生和发展能够给传统线性空间界面设计提供更多可能，打破了笛卡尔坐标体系对于简单线性六面（上、下、左、右、前、后）空间的固有模式，建筑中开始出现非墙、非板、非柱的构件，并且形成一种混动空间，在这个空间中并未限定要素位置，可以提供一种流线性的塑性界面模态。

#### 1. 拓扑变形

数学家闵可夫斯基首先提出对欧氏几何空间的整合，加入时间与事件要素的集合。拓扑几何学可以将变形与动态系统搭建起来，允许形体能够以不撕裂、无裂缝的情况，以多种丰富的潜在方式进行连续性的变形。对于建筑空间生成来说，这种拓扑学几何图形连续变形方式，可以从空间形态生成上完成对其理论的应用。凭借计算机软件的数字技术实现形体拓扑变化的多动态模式、多流变结果和模糊化界面，很多时候可以给建筑师提供一种新的思维模式。空间体验的持续变化正是由于这种连续的柔性变化，带来了人体在运动中对空间差异性的感知。

建筑空间拓扑变形可以看到原本简单的界面中出现多个维度，比如，传统建筑元素地板、墙面、屋顶、墙柱等，这些都能够被整合成一个连续性的界面模式，将不同空间包裹后，形成新的综合空间。当使用功能被满足后，连续的柔性界面消解了内外或者水平垂直的强烈对立关系。重力对于建筑本身和活动与建筑内人体的影响结果并非层和支撑体系，空间的坐标系线关系、形式与功能的关联、界面与结构的独立变得模糊。

扎哈·哈迪德对卡利亚里当代艺术博物馆的设计，将传统屋顶和建筑结构方式完全打破，重新设计出一种非顶面、非底面、非侧面的连续整体界面的不可分割空间形体。这种空间界面内部和外部关系的描述，能够利用各个界面关系来重新进行空间流动模态的分析。按照连续性设计理念，扎哈在 PUERTA 酒店实现室内结构和空间限定要素汇总，将不同功能的元素融入连续光滑曲面，多变复杂关系的形式语言建立起可塑性的空间后又让人们能够感受到动感。

#### 2. 层的消解

“层”指的是建筑物内部或外部都可能存在的，在结构体系中起到支撑作用的平行地面建筑构成要素。现代建筑的设计意识长期以来将“层”的概念放在核心位置，根据其概念完成基本设计、平面空间布局，并因此形成了紧密结合的建筑美学。无论是比例与形式、功能与空间、装饰与后现代的探讨都建立在这一概念之上。

在图解结果向建筑空间形态转化过程中，通过数字技术完成人工空间与自然环境之间软性基面的相容，通过软性基面将建筑几何形体进行限制，实现连续性较高的非均质流动建筑形态设计，将传统建筑空间不同层之间的叠加关系进行消解，这是传统建筑美学观被突破的重要表现。

对楼层进行消解的直接结果就是创建出空间流动性，将原本固定的建筑元素通过空间与人体互动关系的转型呈现一种动态空间体验模式。这种建筑空间形态的动态性体验知觉，可以在设计时将参数系统内的各项数值建立相互影响的联系，使得空间形态在参数的调整过程中进行完整性的连续动态变化。对此，拉尔斯将自由平面理念进行建筑剖面功能的应用设计，完成传统概念中层的消解，将空间要素实现水平与垂直维度上的自由流通，以均质空间为设计理念，将楼体墙壁、地板、支撑柱等融合在一起，将人体和空间相容的情况与建筑设计要素实现一种合围形态，空间自由连续性交织，提高人体在空间中能够感受到的自由环境。

伊东丰雄的台中大剧院中对楼层的消解尤为突出，并未使用传统意义上的墙体与楼板，将腔室空间利用柔软、连续的有机空间要素来绘制，腔室筑构完成后引出流畅柔和的廊道、会场、办公空间等。建筑师将几何学模式打破，通过更具有流动性的数字技术来完善新的美学建筑空间，特点就是利用几何构图系统的重构，带给人们一种复杂、立体、异形的独特审美，通过高度复杂结构系统的创设，生成一种极具空间想象价值的建筑成果。将等大圆形平面框架依次排列好，通过网格结构转化让每个圆形都可以在原有缝隙基础上，形成新的数字技术变形结果。按照这种平面功能的调整可以形成二维向度的“图解建筑”，以此为基础进行三维拉伸，得到我们最终看到的建筑物实体。这种建筑结构具有极强几何感，是数字图解技术应用到三维领域的成果。

在这个设计方案中，建筑师设计意图非常明显，就是将台中市最大歌剧院——大都会歌剧院进行文化活动空间功能的彰显。各个空间都要在完成各自功能的时候，实现综合性空间结构的无缝对接，提高参与者之间可掌控的交流和沟通效率，并且形成一种流动性、开放性都非常明显的空间结构，这是建筑师设计的根本目标，也是将艺术理念呈现到艺术空间以外公众环境中的重要方式。将舞台和观众席、内部与室外等，实现空间结构上的无障碍空间融合，这种交流关系能够满足不同事件发生时所需的功能。而且，本案例当中建筑空间与建筑结构之间可以形成有效的流动性形态延展，最终落实到不同空间功能建设中。该剧院建筑结构是以钢筋混凝土为主，通过对结构的分解可以看到单元曲面墙 58 块的组成，将钢骨、钢筋混凝土等形成复合结构后，将镶嵌楼板作为最终设计步骤，完成建筑物整体设计施工。此时，建筑物本身成为有机空间，任何气体流动、声音传递、光线传播等，都要在这些腔室空间中流动，而人流行为又是打破各个空间功能的重要工具，随着人体流动，建筑物空间不同“层”的关系不断地被模糊，满足功能需求时可以实现对人体情感活力的空间唤起。

### （二）空间流动与界面模糊

19 世纪初期密斯的“流通空间”概念开启了对空间流动化的探讨，让人们的设计目光从空间本质中向着空间体验进行转型，能够将无意识理论应用到建筑创作中。这种连续性活动方式的空间表达方式，具有一种复杂性、矛盾性，而且对于尚不能确定的建筑设计形式，可以通过建筑空间完成对传统设计方式的重新规划。现代人对于空间体验的关注，逐步从原本时空观向着空间体验主体人运动方向转移，根据空间动态性原则来完善建筑本体层面时间场景的变化，以连续动态转移模式不断地将设计内涵更新。

在图解结果向建筑空间转换的过程中，首先的目标是满足人体活动，结合空间转移、时间变化等形成综合性维度叠加。建筑师在进行设计的时候，可以通过建筑空间要素的融合与创作，实现连续空间相异场景的综合表达，并且演绎出丰富的叠加空间，让生活和工作在其中的人们有一种空间体验满足感。当传统异质空间出现断裂表达的时候，边界模糊、关系暧昧等情况会出现在建筑整体空间中，可以将连续哲学审美标准实现实质性内涵的彰显。

建筑的使用者成为建筑活动主体参与到建筑空间设计中。新技术的支持和复杂学科的融合，可以将建筑师对人文社会、建筑概念的融合，将学科设计可能性激发出来。空间形态设计概念的流通，完成复杂空间功能的转变，将重心放置到对平滑切换功能的延展上，将复杂多元空间实现动态性的突破。这种极强的连续交织状态，能够将拓扑学集群、分区的非层级性特征展现出来，将此概念作为引导工具，通过对建筑空间水平与垂直状态的分割，进行空间持续性折叠方式，并且实现空间连接设计方式的更新。对于空间形态特征解读来说，这是一种能够使用连续曲线方式，将公共活动事件在空间环境中的表达，实现主要特征形态的整合。

UN Studio 设计理念通过对荷兰阿纳姆中央车站体现这种连续空间流动效果。本建筑设计以巨大人群接纳量为设计目标，完成对大型交通体结构的划分，建筑师将七桥问题作为研究出发点，通过对访问者集结点的设置，将交通节点等进行划分，按照迂回流线实现不同目的地的设计，最终形成循环单曲面。帕特里克·舒马赫（Patrik Schumacher）对方案的总结如下：含有景观价值的下沉中庭，将空间中交通节点用数学方法来进行设计，尝试性地将交通建筑当前问题进行辩证解析，实现新的交通建筑空间延伸。根据体形变化来说，设计者需要通过连续曲线将不同空间进行对接，按照墙体、屋顶独立性来完成功能性的叠加，这是一种符合现行动态协同创新概念的引导性空间建设方式。

建筑空间方案流线性活动组成方式更新，按照内部关联性综合体系统功能的划分，实现数学上的高精度图形变换表达。同时能够将设计思维从抽象化转向具象化，可以实现推导逻辑与实体连续性演绎方式的结合，保证动态感强烈的流线、功能。建筑参与者都能够体会到这种建筑物自发产生的“非停留欲”。①

布莱恩·马苏米认为，运动可以产生形式，随后又被形式超越，这说明群体动态行为是通过建筑几何形式的图解完成的，这种形式呈现一种连续性变形，并不是静止状态。图解结果与建筑转换过程的结合，可以看到这种关注焦点在系统整体关系中的恒定性，不同元素都可以将差异性关系形成对接，满足模糊几何（Anexact geometry）理论，并且将传统建筑形式实现打破。

最终获得的空间形态是通过内部与外部界面、周围环境要素等，形成一个系统性的关系概念。此时建筑物本身并不是简单的空间存在，而是一种结合人工痕迹、自然环境后形成的独特空间，能够实现人们行为需要的空间功能，又能够通过内部设计摆脱功能被分区后形成的框架。以群体动态行为为基础的图解对于古典的模数标准关注弱化，按照建筑空间轴线、核心等通过层级差异的消除，向着均质模态关系方向发展。拓扑性质稳定的同时，空间大小、高度、深度等都不再是重要因素，将空间视觉效应形成统一。因而功能分区的确定性、功能结构的等级性、交通系统的层级性均被消解。

金泽 21 世纪美术馆的空间形态生成主要方式就是将房屋空间进行分割，随后重新规划与组成。由于用房分配过程随意性很大，唯一标准在于可以建立亲密性关系，或者是将距离感创造出来。这种方式并不需要依靠传统线和面来进行要素分化，实现了一种界面的模糊。

首先是功能分区的确定性被消解。本案例设计概念是利用空间功能属性，完

---

① 周红梅．某建筑智能家居设计安装与施工协调［J］．四川水泥，2020（09）：306－307.

成对不同物理属性差异的重新调试，避免重要差异性被严重消解，相关空间固有等级化、秩序化等问题，都可以对组织空间要素简化为廊道处理，通过对房间功能的划分，完成基本的空间设置。一般来说，仓库、设备等都设置到地下或者是楼梯间等，而展厅、影像展示等要放在人流量最大的一层，将带有服务功能、创作功能的空间选择到二层或三层。原本功能空间分区情况被限制到整体统一概念中，经过层级属性被消解，可以将不同空间实现开放性功能的展现，并且满足参与者对空间体验灵敏度的提升。

其次是功能结构的等级性被消解。通过对本项目的研究，我们可以看到这种功能空间上的差异，并不会形成主次、内外的区分。设计要点的划分和美术馆实际功能的空间展现都是建立在符合图形方向感的规律结构之上的，看到的是一种不同形式的方形，同时轴线表达在方案中实现有效回避，根据不同方向平等性空间功能的建立，强调一种存在于主立面公共建筑的契合式需求。

对于交通系统的层级性消解，在展览馆周围进行交通结构划分的时候，需要考虑车流、人流的变化，将树状分流系统实现不同功能板块相互耦合，根据空间系统关系实现逻辑梳理。对项目去层级性的组织规划，能够看到一种非常规动态网络化布局关系的展现，将原本预定式参展流线模式进行设计与实践，此时主动权完全交给参观者，将参观体验形成漫游式路径的描绘。

在建筑的创作过程中，建筑师不仅需要根据建筑形式完成对各个抽象化异质元素社会关系的确定，同时要注重将逻辑本质展现出来。对于均质实物初始阶段来说，可以通过空间后天性需求区分方式，将不同功能活动区视觉界定方式确定下来。对于空间等级划分来说，能够按照参与者选择方式来设定简单官能体验，并且提高空间网络关系的整体性价值展现。

## （三）空间细节处理

### 1. 空间序列秩序与导向

群体活动行为图解的生成，空间的形态对身体行为特征有清楚认知，通过秩序、规则完成对空间结构功能的划分，使得人在空间中游走的可行轨迹合理规划，也串联起了符合某种秩序的功能组织而构成建筑的整体空间形态。由于图解生成的空间其结果存在复杂性，却又符合身体的固有规律，其创造的形态塑造具有隐含的秩序关系。在进一步的空间细节处理中，应该将隐含的有序逻辑与无序的身体对于路径的选择关系进行多样性的统一，满足无限复杂性，实现空间组织结构在合理规划下的限制弱化。

传统建筑设计方式中的建筑需求的不同功能，通过将适应的空间形态进行多元组合关联完成。而图解生成能够将不同空间中性质以统一的形态将相似性展现出来，此时建筑不仅能够从形态上得到合理统一，按照相对关系，空间形态内部的秩序结果符合身体潜在意识的指向性和方向感。因此区别于传统手法，这样一种图解结果向空间转化，在通过交错、过渡、耦合等方式，完成对完整形态进行功能区域的合理划分，构成丰富的行为秩序导向。

任何一个连续空间的完整秩序，都要包括起始、过渡、高潮、终结这些环节。不同阶段可以根据体量、空间形态等将逻辑关系进行连续性地表达。建筑参与者运动流线关系能够在这些空间中得到合理展现，得到的空间体验能够按照既定顺序来展开，将空间变化通过人的感受形成有效节奏的设计。在空间形态塑造过程中，可以将连续空间递增变化情况，通过生形感知方式层层递进，按照不同角度来创造空间序列导向关系。

杭州动漫博物馆方案创作以漫画对话框的方式，将空间单元形成原胚体，同时展开多个拓扑微分变形处理，实现连续拓扑空间总体形态方案的形成。本方案设计模式是通过拓扑流形组合方式，将原本单一的结构关系形成富有韵律感序列的模式，以体量大小、空间饱满度、位置高度等要素为核心，建立一种具有起承转合形式连续逻辑关系，同时将拓扑变化展现出来，引导人们审美空间的建立。

严谨的空间秩序随着空间动线来完成叙事情节的展开，保证空间形态的图解结果以导向性明显的设计方式通过非直观复杂形态来完成基本的审美空间建构。动态感的参与将抽象化的空间结合空间含义来完成具体内容的丰富化，将社会文化与空间形态之间形成对接，从而将多维耦合结构空间，实现功能机制下的导向和建筑作品的抽象感知。

**2. 适应身体运动**

在建筑空间中，人活动所展现出的规律，首先要通过身体运动来展现，或者说是身体位置变化，通过将运动方向、运动节奏等实现合理调整，以身体运动为空间体验塑造的前提，实现功能要素在空间活动中的合理汇总。

如果要保证空间与行为之间是具有对接效果，那么一定要将身体运动特点进行结合。现代建筑的大量案例对空间进行水平铺展，实现规模上的不断扩张，但是其结果必然造成建筑运动轨迹延长，部分空间出现曲折的现象，人在水平方向进行的运动也不断增加，这种建筑空间选择都是具有明确静态模态的。此类空间会将人体运动转化成机械、僵化的运动方式，但是并不符合人体运动基本特点，所以在建立建筑空间形态设计过程中，要将人体水平向度的运动方式实现合理调整。同时，对建筑空间的分析与展开并不能单纯地将水平方向作为核心，而是需要向垂直方向发展，能够将楼层增加形成有效回应关系，通过对连续性的合理打破，原本垂直的交通关系可以留给人不同想象空间。

另外，空间使用者并不需要对空间的所有功能都明确，只要根据基本尺寸就能够将一定范围内的运动速度进行限定。通过对人的运动方式分析，可以看到这种非匀速趋近模式，能够给环境质量氛围提供基本要素，按照步行距离、所处环境、人的心理状态等进行空间划分。如果距离太长，那么人们在环境单一的情况下很容易出现烦躁情绪，会自动加快运动速度；如果距离适中，人们又能够在环境中体会良好的氛围，那么运动速度也自然就下降。按照现阶段空间形态设计，空间尺寸、界面、序列等都要结合外部环境变化，通过对群体的空间动态感知方式的合理控制，完成基本的运动规律的设计。

**3. 提供路线动力与多样选择**

身体运动一定会带来视觉变化，通过运动，人体所处环境呈现差异与改变，在这种情况下视觉刺激不断出现，人体感受到的视觉信息相反也会形成一种身体运动的刺激源。在对建筑空间形态内部联系的描述和绘制中这种运动路线动力的来源很多，主要是根据空间形态变化、目标吸引等方式。建筑师通过一系列的视觉变化构成连续性的事件，协调行人运动规律，而非看作人体在空间内依靠肌肉独立自发的运动。所以建筑空间形态设计过程，一定强调空间导向作用对心理的影响，即路线的动力。

在运动中人和空间关系基本包括两个互相平行的方式，即运动秩序、运动经验。两个方式都是影响人对空间体验的重要因素。前者指的是空间组织方式，这种秩序概念一直以来都在长期争论，很多时候普遍意义上的秩序会被狭义地理解为明确的特殊关系，因而设计师、艺术家、建筑师等自己所处的时代环境表现出两极分化的推崇或抵触。在研究人体行为模式并进行计算机模拟之后的图解结果生成空间设计手法中，自然的创造力成为与理性秩序并重的控制源。此时人体运动主观能动性不再通过建筑师预先设定的训导、训练等方式而被限制。后者指人在空间体验合理反应，不同空间变化的运动方式会根据身体记忆进行再现。将空间的结构实现多元化的丰富，满足人体空间体验限制需求。因此，在对建筑空间形态的设计中应强调多样性的可能，使得人体能够按照运动方式开发潜能，这种路径选择方式可以将建筑空间中的设计理念进行协调，实现不同功能空间多样化的展现。

## 第三节　动态群体智能图解建筑空间形态概念性设计实践

### 一、设计议题提出与流程探讨

#### （一）设计任务与环境分析

本节选取的案例位于哈尔滨某锅炉厂区和员工宿舍交界处中间的一个三角形广场，两边被城市的快速路割裂，两侧的联系靠一座简单的人行天桥建立。这个天桥是工厂员工日常通勤以及道路两侧交通联系的必经之路。三角形广场孤立于工厂区和生活区的缝隙之中。由于城市道路的阻隔，可达性弱，使用率极低，无法承担市民的日常生活活动。项目场地南侧为城市发展较早时期建设的老式多层住宅，居住区内设施落后，社交空间破旧不便，限制了居民的日常生活。同时，沿着城市道路的两侧有大量小型摊贩，成为具有潮汐性的市集，大量小型商业活动在一天的不同时间内进行，导致整个场地的秩序混乱，环境质量较差。因此，我们可以很容易地发现，随着社会、经济的发展，旧城落后的环境设施以及各自孤立的局势已无法匹配人与人联系方式的改变。

通过对场地的初步调查，可以发现多种人群的混合，通勤的厂区员工、周边的小商贩、旧社区的老年与儿童、城市流浪者等，都有对这一城市盲点提出空间革新的需求。现有单一功能的人行天桥已不能满足基本的空间互动需求。应对场地问题的设计成果应是一个人行连通的综合体，以实现更为复杂的城市功能。

设计概念首先保持最基本的交通联系，将新的建筑置入场地，架设于三角形广场上方，在不影响行人基本活动方式的指导思想下，开辟一条新的指向三角形广场的安全路径。新的连接体能够以最简便的方式将行人需要功能合理展现，满足传统点对点的线性形式，并实现优化与改善的目标。

在传统的设计过程中，将交通联系作为建筑的首要功能之后，以三维空间的不同视点建立直接联系是最为简便的方法。同时我们在设计的初始概念中强调这一人行天桥更应该是将城市消极空间现象进行改善的重要工具。作为一个在不同时间点，将多种人群于建筑的空间内混合的综合体，充分利用人体的行为，激发新的活动，提升旧城活力。因此，附加更多的空间体量于天桥之上成为必要的功能需求。然而这样的设计过程存在于主观的空间形态推导之下，无论何种形式都仅仅符合浅层意义上的人体运动需求。因此，笔者通过将人群的运动轨迹以计算机模拟的方式可视化，以呈现更为理性的结果。

### （二）设计流程探讨

本案例希望将潜在的符合人体行为活动的固有规律在这一综合交通体系的设计中体现，构成居民生活上的时空记忆。通过前文中的探讨，利用动态群体智能的技术手段，人的活动行为规律可以在计算机中以可视化的语言进行表达，这成为加以利用的图解基础，从而生成理性且丰富的建筑空间形态。

一般来说，在设计目标和概念确立之后，建筑设计的图解手法都是以三个步骤流程为主的：参数确定、环境模拟、建筑空间生成。本案例最终目标是希望建筑记录与适应人的活动行为。这种存在于固定形态的记忆方式，能够将场所中原本存在的人流趋势进行划分，随着建筑模式的置入可以将最简便方法应用到人对空间建筑的需求中。因此，在第一阶段的参数确定中包含了对于外部环境系统限制条件与内部人系统的行为逻辑。在第二阶段中关注可实现的技术平台，将参数转化为视觉性语言，以支持第三阶段的图解结果向空间形态雏形转化，具体的设计流程与细节探讨将在后续的章节中进行探讨。

## 二、设计的图解目标确立

### （一）设计概念

重新回到建筑设计的开始环节，也就是建筑设计概念的产生，它是图解建筑设计手法非常重要的基础。建筑师的反复推敲才能够形成有效工具，能够将设计理念、设计雏形之间形成有效的“转译机器”，通过理念的翻译形成建筑形式的基本概念。

图解来自对环境要素的提取，调研分析场地内及周边人的行为特征和与之相联系的环境条件，建立联系以完成计算机模拟和具现实现全过程。本案例中的场地并非仅仅需要一个点对点的联系，更为有趣的关联因素隐藏于背后。场地位于设施落后、空间拥挤无序的工业旧城区。调查分析周边的人群构成以及他们日常的活动可以得到有启发的反馈。孩子们表示希望有一个安全的游戏场所；工人们说，日常的工作十分规律又无趣，虽然忙碌但依然希望有放松和交往的空间；家属区的老人难以到达广场，社区内糟糕的设施破败且距离遥远；周边的各色小吃摊贩拥堵在本就狭窄的城市空隙。显然，人群的复杂性集合于设计的场地之中，而各方的需求互相补足，带来这片空地功能需求的革新，不同人群的互动激发城市活力。

因此，本案例主要设计落脚点为：将场地中的各种人群视为动态的群体，通过对象扮演角色，实现智能算法的选择，实现对象分布状态和活动边界范围的设定。此时，场地使用者可以实现对场地主体的穿越，并且在相应反馈结果的基础上，通过几何组织数据可以将建筑设计雏形实现初步汇集。

### （二）图解原数据收集

在本案例的概念性实践中，需要对场地中的重要信息进行充分的调查，确立影响参数与智能群体模型。

1. 智能群体模型定义：地段大量人群跨越与到达，具备自有的目标和方向，可以视为基于向量的动态群体，按照智能集群方式将人群流量、方向等进行模拟后，通过场地内自然状态和人体活动情况进行探索，计算机将重新规划人群行为，寻找出人体在场地内自然活动状态规律。通过对比人在外界拥挤社会环境下的行为特征，可以发现场地中的人群行为模式与鸟群模型基本吻合。所有鸟类在进行群体飞行的时候，并不一定会存在领导者对单一个体的运动轨迹进行直接控制，而且飞翔路线并不具有原则性。对于鸟类来说，它们在飞行的时候只要坚持三项原则即可：不掉队、不碰撞、到达目的地。鸟群复杂形态构建原因在于，虽然每只鸟都会按照既定目标飞行，但是飞行过程中不断调整，根据其他鸟的飞行状态与相对距离发生相对运动，使得整个鸟群渐渐形成一种队伍模式。这属于多个简单智能个体相互影响后产生的结果，而非单一更高层级的个体所能控制的。

将智能集群活动边界设定于地段边界，此时人体为单个智能体，需要通过场地中三个智能生成点来设计，按照人行速度指导智能体活动速度的分析精度，人群流量是智能集群体量，人群运动方向是该群体向量方向。

2. 参数确定：将设计概念进行确定之后，明确了对数据的需求，即对不同人群的要素进行确立，将方向、时间、速度、功能需求等指标进行数据统计表（如表 3-2）。

表 3-2　场地信息参数列表

| 参数 | 定义 | 意义 | 设定方法 |
| --- | --- | --- | --- |
| 时间段 | A 上班通勤 8：00—9：00<br>B 午间活动 11：30—13：30<br>C 下班通勤 17：00—19：00<br>D 日常活动 | 时间因素影响人流方向，速度和人流量 | 实地观察 |
| 人流方向 | 建筑期望建立的三个联系点（1厂区，2广场，3生活区） | 动态集群以三点为出发点进行自组织 | 1. 确定三个出入口的人群属性<br>2. 根据移动速度将人群分类<br>3. 设定人群可能的移动目标<br>4. 根据人流的来源及相关活动确定人流方向<br>问卷调查 |
| 人流量 | 对现场进行调查确定一定时间内的通过某点的个体数量 | 集群体量 | |
| 人行速度 | 通勤目的明确，因此移动速度较快。<br>游走无目的性或对路段不熟悉，移动速度较慢 | 集群动态强度 | |
| 功能需求 | 功能植入后为场地带来的功能革新与激活 | 建筑深化 | |

## 三、图解与生形

### （一）群体动态模拟

将影响设计的不同因素确定并引入适当的智能群体模型之后，可以按照分析来进行各个要素关系的研究，同时将不同参变量形成规则上的融合，建立一种符合数学关系模型的模式，按照关键要素重新规划群体动态结构，不同参变量认知模式与生成形体关系确定模拟结果。

在实际操作时可以利用已知算法和相适应的软件实现更为简便的形体转化过程。Rhinoceros 平台的 Grasshopper 插件是一款效果良好的转换工具，可以通过参数设计与视觉图形进行直接关联。在进行不同要素分析的过程中，能够形成直观、可及时响应的分析简图，实现控制线或截面的划分并进行放样的形态生成过程，“折叠”的思想为这种操作提供了理论支持。本案例即利用这一平台上已得到开发的一款软件 Quelea 进行动态的模拟。

Quelea 的名字源于一种非洲的鸟类，因具有世界上最大的群体（flocks）而闻名，它是一款基于规则的设计组件，内置于 Grasshopper 中，作为 Rhinoceros

这一3D建模环境的插件使用，允许使用者创造复杂的模拟、分析，并通过简单规则的组合生形。Quelea插件提供直观的界面用于粒子系统（Particle Systems）、代理/变异体（agents/boids）、Braitenberg Vehicles算法以及各种算法之间组合的实验。

Quelea用“系统”一词取代之前在群体智能中所谓的“集群”。从字面上看，集群是一个大量个体的集合概念。在Quelea中，系统可以不仅仅只包含一个个体。因此它可以表达出从粒子到人群任何不同数量的粒子类型。为了在Quelea中定义系统群体，预先设定了一个概念，即个体应该做的是什么或者Quelea在系统中需要代表什么。此外，“系统”一词引出了这样一种连接的概念，智能的相互关联节点，这些节点可以是粒子、免疫系统甚至是行星系统。

在本案例中人群系统的建立，使用此插件可以充分体现群体的行为关系与互动，行为改变个体（Quelea）的状态。例如，弹力控制行为设定了Quelea的速度是自身流动速度对于所处环境边界常态的反应。不同于控制力，力计算向量把它交给Quelea选择如何解读，最终将结果加之于Quelea未来的加速。因此，行为直接设定了一个范围给Quelea的状态，而不是一个间接地改变Quelea的位置。

本研究采用控制变量法，将各个变量之间内在联系进行层次清晰的划分，逐层推进。最高层级首先是通过不同时段的群体动态情况，统计个体在设定边界内的活动数据来完成综合四个时段数据，形成模拟参数值的集合。在Rhinoceros中设定好方向之后，速度参数导入Quelea插件，按照不同时间段进行模拟，得出Quelea在空间中的运动轨迹，即图解的结果。

### （二）设计雏形

在依照收集的数据参数结合模拟之后，动态群体粒子的活动轨迹流线分布图可以收集到大量的可能结果。通过对不同群体的流动速度进行分析，在场地的边界范围内，有着明确方向性的粒子呈现较为明确的方向联系，在空间内无序游走的粒子以较缓慢的速度在边界内流动，并不会将明确交通联系情况扰乱，在受周围粒子的影响下，这些慢速无序粒子按照运动方式实现汇集，产生旋涡。

这些不同属性的粒子代表了不同群体以及它们在场地边界范围内可能的行为方式与运动状态。本案例希望不仅建立简单的空间三维联系，同时希望成为活化整个区域的重要节点，因此这些旋涡区域成为人群易聚集的区域，实现活动功能发生位置得以确定。将明确的联系轨迹与旋涡状区域进行叠加，结合可能的行为所需功能空间尺寸，进行进一步的交叉选择，得到最基本的设计雏形，以服务下一步的建筑空间形态的转化。

## 四、图解向建筑空间形态转换

在获得建筑设计的概念雏形之后，进一步向可行性建筑设计方案的转化，即深化阶段。如何科学处理设计理念同约束条件之间的关系将成为该阶段的难点工作。此外，建筑设计各项约束条件之间也难免存在矛盾与冲突的问题，这种不协调性将进一步加大建筑设计的复杂程度。在具体过程中，需要充分考虑多种因素，科学合理地对设计理念进行调整和优化，尽可能保证设计的合理性。在研究分析中，理性的分析将为设计方案的科学性与合理性提供充分保障，使设计的理念进行优化和调整，确保设计方案与现实条件的匹配。

### （一）空间形态生成

设计雏形是对粒子运动轨迹进行选择之后的结果，是在对多种流线进行叠合处理的基础上，所能获得的建筑设计的初始结构。建筑的初始结构向建筑空间形态的过渡中需要结合人体运动行为的研究分析，以确定空间的功能细分方案。作为建立与城市盲点的一个新综合体，提供了多种行为的可能性，从最基本的活动行为对空间尺度的要求可以分为坐姿、大幅度运动、行走三种类型。图解结果与功能活动上的空间尺度需求将共同构成建筑设计的三维形态，结合细化与科学调整，就可获得比较可行的建筑设计形体方案。

### （二）建筑深化

《建筑空间组合论》提出了对建筑的四方面评价要求，分别是功能使用要求、精神和审美要求、物质技术手段和建筑发展趋势。设计采用不断创新的方法，追求新的手法、形式或者建造方式，最终需要进一步深化。

首先就是功能上的要求，从调研分析可知，各种复杂人群所需的功能需求在植入的建筑体量上可以得到满足，不同人群之间的活动碰撞正是城市活力激发的本源。在设计的深化过程中，植入除交通联系以外的基本功能，需要考虑的是建立功能之间的交互以创造新的可能性。深化过程具体以空间的功能划分、连接方式、界面等几何特性为主。居于动态群体生成的空间形态在行为组织与空间流通性上具备独特的内在规律与形式表现，因此十分有利于空间活动的展开。

在三角形广场的正上方，同时会集了通勤的厂区员工、老人、儿童、摊贩、流浪者等，每个人到达这片区域的目的不同，而各个群体之间的活动对彼此都有着正向激发作用，例如摊贩的售卖活动在综合体内部建立，不仅提升了整个区域内的空间品质，同时因通勤人流的会聚，商业价值得到提升。此外，儿童因为对广场可达性的增加而获得更多活动空间。这样相互激发的可能性将超越设计自身所设定的功能。在设计中，笔者对不同时间段的同一空间进行活动构想，得到活动的空间拼贴。

其次设计的深化阶段还考虑到了建筑物对环境中各种物理因素的适应能力，即环境适应度。可利用计算机辅助分析（CAE）软件进行建筑声环境分析，以实现对建筑相关的光环境、风环境、热环境、能耗、日照、结构等要素的科学分析。在充分考虑建筑对外部环境影响作用的同时，也应当充分考虑建筑与环境的适应性问题，即建筑能否与环境保持一致并融合发展。建筑设计与建造不仅会对周边空间的环境参数形成直接的影响，而且其建造过程所形成的影响也应当对建筑的影响作用进行全面研究分析，继而为绿色建筑与建筑可持续发展提供科学有效的指导和依据，以得到最终的设计方案。

对比于传统设计手法，设计的最终结果呈现的不仅仅是表层意义上更为丰富的空间形态与形式，空间本身更具有对于身体与知觉体系运作的深层理解与对话。借助于计算机模拟动态群体的活动推导出空间形态，其本身的内在图解结果也更理性地辅助了设计者在功能空间需求的设计。

# 第四章 独居青年群体的智能居住空间设计研究

## 第一节　智能居住空间与独居青年群体的相关理论研究

### 一、智能居住空间的概述及基础理论

#### （一）智能居住空间的概念

智能居住空间，以住宅作为应用实施平台，将网络技术、安全防范技术、音频影视技术、综合线缆技术等各功能相结合，建立了高效率的住宅管理系统。智能居住空间是指通过科学技术的应用，提高居住空间的舒适性及居住者的幸福感。在具备传统家居使用功能的基础上，智能家居能够帮助居住者合理安排日常起居生活。智能居住空间符合绿色可持续的发展方向，为居住者实现更高效的生活体验。普通居住空间通过智能化设计后，能够有效提升居住的安全程度、便携性以及艺术氛围感。

#### （二）智能居住空间的相关理论

**1. 行为学理论**

人的行为活动受心理影响，居住者自发的行为活动是对居住空间内部不同功能区域的反映，具有单一性，保证了居住者在室内空间中产生的各项行为活动保持互不影响的独立状态，是划分各功能空间的基础。除此之外，人的行为活动具有明确的目的性，要求活动空间提供居住者足够完成行为目的所需的区域范围。人与环境产生的交互活动，会对人的行为及心理造成一定的影响，具有双面性。行为学理论研究的相关内容，通过居住者在室内环境中行为规律的细致研究，为自然及人造环境提供有借鉴意义的针对性设计，在一定程度上扭转消极影响，促进人与空间产生积极的活动影响。

**2. 需求层次理论**

美国心理学家亚伯拉罕・马斯洛对人类心理学进行了深入的研究，他主张

"以人为本"的中心思想。在1943年的《人类激励理论》论文中，初次架构了关于人类心理需求层次的相关理论，该理论经过不断的发展与挖掘，变得日益完整与系统。当今，需求层次理论得到学者的广泛认同，成为诸多学科研究的基础理论之一，心理学、行为学，以及社会学等学科深受影响。

人的各类需求始终处于不断变化的状态，在很大程度上推动了社会的进步与发展。人类需求层次按从低到高分为五种，分别为：生理需求、安全需求、社交需求、尊重需求与自我实现需求。人类作为动物，本能存在生理和安全需求。生理需求是其他需求最基本的底层保障，包括饮食、休息睡眠、呼吸需求等，是为了保证正常的生活状态。第二层的安全需求，表现为人的心理上出自本能需要的安全感，包括人身安全、财产安全、职位安全等，保证自身在自然环境和人工环境中不受到伤害，保证心理处于健康状态。马斯洛认为，这两点均为人类较低层次的需求。第三层次是情感与归属感的需求，是人类更高层次的需求。这类需求是在社会大环境中经过摸爬滚打发展形成的，也受到个人的性格特征等因素的影响。但相同的是，人作为独立的个体需要与家人、朋友、同事、领导等群体在情感需求上产生交流，通过社交融入特定的群体中，满足对于归属感的渴望。第四层次的尊重需求，表现在每个人都希望自身优势得到他人的肯定，认可自我存在的价值，从而展现出个人对生活、工作、人际关系等方面的热情与活力。位于金字塔最顶端的自我实现需求，由于家庭环境，受教育程度等多方面影响因素，个体间存在或多或少的差异性，但相同的是，人类在对理想抱负始终秉持着不懈追求的积极心态，不惧怕任何艰难险阻，挖掘自身潜能去追求梦想，实现自我。

独居青年的居住空间需要满足该群体较低层次的需求，才能促使其实现更高层次的需求。这五类需求是彼此影响且并列存在的，不会因为层级的高低而造成较低层次的需求消失。除此之外，在五项需求同等存在的情况下，人们对于更高层级的需求会有更为激烈的追求，高层次的需求将对独居青年的心理产生更大的诱惑力。①

**3. 住居学理论**

住居学是解读居住生活机制，指出存在的诸问题，提出社会的、技术的课题，探究居住生活的应有方式的学问。通过对多个学科领域的研究，学术成果的多方面实践探究，得出一套适用于居住环境本身的方式方法。住居学从设计与建造的角度和居住者对空间的实际需求入手，秉持以人为本的原则对居住空间进行

① 秦少雷，王静，窦安华．建筑智能照明技术特点优势及发展运用［J］．绿色环保建材，2020（09）：141－142.

探讨研究。住居学的解读，是在具有普适性的现代家庭结构上，对其生活机制的剖析，其中包含居住者的个人生活习惯、生活方式、行为活动等方面，来探究其在室内空间中的居住方式，从而研究出居住者个人习惯与居住空间的对应关系。

住居学起源于20世纪80年代末90年代初的日本，是一个新兴的科学门类。与其他国家相比较，日本对于传统居住的模式积累更为深入，住居学的相关理论研究相对突出。通过对现代家庭居家环境及居家模式的调查研究，梳理出居住者与居住模式空间的关联性，从而推导出适用于现代居住方式的规律特征并加以应用。住居学注重居住者生活行为及生活现象，生活行为指的是居住者在室内空间中的动态行为，生活现象指的是居住者根据个人习惯进行的行为活动，通过对居住空间中居住者的行为模式的充分了解，分析人与空间的相互关系。对独居青年智能居住空间设计的研究，需考虑独居青年的各项居住行为特征，结合住居学理论中以人为本的设计原则进行优化设计，使得研究成果客观、合理并且更贴近独居青年的居住需求，以提升智能居住空间的生活品质。

**4. 人体工程学理论**

人体工程学是研究人类在多种因素影响的环境中，人类与机器及环境之间的相互联系，概括为“人—机（物）—环境”三个要素之间的作用。室内人体工程尺度与建筑所要求的人体工程尺度的深度不同，以人体工学为主进行更深入的新领域研究。以人的行为活动作为依据，研究人体结构功能、心理、力学等方面与空间环境的协调关系，为了提高人们在活动过程中的舒适性而对人们的生理和心理及解剖学特征进行研究的一门学科。

对独居青年智能居住空间的设计需要综合考虑居住者的尺度，通过对其生理及心理等方面的研究，在居住环境满足独居青年生活需求的基础上，提高室内空间居住的舒适度。人体工程学在独居青年智能居住空间的设计中主要表现为两点。

（1）在有限的空间中，作为确定空间面积尺寸的理论基础，为多感觉器官的适应能力提供可靠依据。例如，入口玄关处，根据居住者的抬手高度设置开关面板，可在其夜晚归家时对屋内光环境自主控制，避免由于屋内亮度过低，导致周遭事物看不清楚的情况。

（2）各个功能空间的尺度需要符合人体工程学的标准。例如，盥洗空间的面积划分，是各个功能空间中面积最小的区域，但作为必不可少的存在，在设计时需要充分考虑人在内部使用时的行为活动尺寸及其对该空间的具体需求。按照盥洗空间的大小，挑选合适的设备尺寸，对如厕工具、洗手盆、沐浴器等家居用品合理放置，规划好独居青年的自由活动空间。

## 二、独居青年群体的概念及基础理论

### （一）独居青年的概念

关于独居青年群体的研究，由于独居青年与单身青年、空巢青年等群体存在交叉，故在已有的研究中，对于独居、单身、空巢等三类群体的研究是笼统性的研究，没有刻意区分。而且，独居青年现象近年来才成为社会热点，相关研究比较少，主要是近几年的研究成果。涉及独居这一特质为核心的相关研究主要有以下成果。学者艾里克·克里南伯格（2017）在其著作《单身社会》一书中，他以前瞻性地研究为基础，探索了单身社会的崛起，以及这一现象给我们的社会文化、经济、政治所带来的巨大影响。聂伟等学者（2017）基于全国六城市的调查数据，研究发现，从总体上看，当前“空巢青年”的生存状态是正常的，他们与流动非独居的城市普通青年之间在生存状态各方面的相同点多于相异点。即使少数存在显著差异，差距也不大，总体并未呈现“空巢又空心”的状态。胡玉宁等学者（2017）通过对需要、认知、情绪、价值、行动的社会心态指数描摹呈现青年群体的“空巢”心态特征，进而指出“空巢”心态隐现的相对剥夺感、底层社会认同、群体情绪感染、群体非理性信念、去个体化集体宣泄等特征，极易诱发青年群体从心态“空巢”到行为“集群”的演变。

综上所述，“独居青年”是近年来随着社会发展出现的新兴词汇，由于其规模的不断增大，引发社会各界的关注。独居青年是指背井离乡，远离父母独自来到大城市居住、学习和工作的青年群体，他们思想独立，积极上进，有自己的职业规划和人生抱负，渴望在大都市中实现自己的价值，他们缺少感情寄托，没有家庭生活。本研究对于独居青年群体的年龄界定为22岁至39岁，划分依据为：首先，独居青年普遍受教育水平较高，一般情况下22岁为我国大学生的毕业年龄，自我观念较为强烈，自主选择独自一人生活的居住状态。其次，根据2015年的人口普查数据显示，39岁以上的结婚率为97%，不符合独自一人的限定条件。所以，本篇研究的主要对象为22岁至39岁的独居青年。

### （二）独居青年的相关理论

#### 1. 个体主义理论

在思想文化推陈出新的现代社会背景下，人们的封建思想也逐渐从传统社会的顽固思想中脱离，生活方式随之发生改变，自我意识越发强烈。现代化是独居青年群体产生的根源，青年选择独自居住的生活方式是现代化的反馈，个体主义是个体及自我的生成、转变和发展的过程。现代化与个体主义的关系紧密相连，个体主义的概念由迪尔凯姆（Durkheim）在18世纪末期提出，当时社会宗教文化盛行，他认为个体主义是人们与宗教崇拜的关系密不可分。19世纪初期，贝克（Beek）提出了个体主义是现代社会发展的重要特征，是制度化社会发展的必然结果。单独的个体从社会、邻里、家庭中脱离，形成了具有个人特色的人生轨迹，个体具备独立性、独特性以及主体性。20世纪后期，“为自己而活”的生活观念，得到了人们的认可与追求，其中青年人群占比最大。在个体主义价值观的影响下，独居人口数量逐年攀升，这种新型的居住模式悄然升起，伴随而来的是现实客观因素与不确定的风险，需要独居人口自行解决。

**2. 家庭生命周期理论**

家庭生命周期理论起源于20世纪30年代，是对家庭从刚组建到后期发展再到消亡的过程记录。世界上的事物往往都遵循一定的周期，家庭也按照一定的轨道形成、发展直至消亡，即家庭也有它的生命周期。家庭生命周期是家庭依照一定的轨道形成、发展、分裂出新的家庭，直至母家庭消亡的全过程。在家庭生命周期过程中，母家庭孕育子家庭，家庭继续得以延续。家庭生命周期共分为完整的六个阶段：生成、扩展、稳定、收缩、空巢以及解体。学者杜瓦尔（Duvall）提出了最为系统的家庭生命周期理论，她认为家庭犹如人的生命，包含了在各个阶段需要完成的各项任务，为了长久地发展下去，必须满足阶段性需求，其中包括：生理需求、文化规范以及人的愿望和价值观。

家庭作为社会组织的一种，生存与发展之道具有一定的规律性。家庭成员间需要平等的互动交流，尊重个体成员的各项心理需求，积极营造相互理解、信任、关爱的家庭关系。在城市快节奏现代化发展的环境下，家庭结构趋于缩小化，独居人数逐年上升。随着科技的不断进步，城市基础工程的日趋完善，使得人们生活水平提高，具备独自居住的物质基础，推动了独居青年群体的数量上升。

**3. 社会关系理论**

齐美尔（Simmel）是最早提出社会关系理论的学者，在其著作“*Sociology: inquiriesinto the construction of social form*”中，认为社会就是相互交错的社会关系。学者拉德克里夫（Radcl）提出“社会网”的概念，并将社会结构定义为实际存在着的社会关系网络。社会关系论着重分析受众成员日常的社会关系对其媒介信息接受行为的影响。根据这一理论，大众传播的受众成员既非互相分离的个人，也非仅仅按照性别年龄文化程度等一系列可变因素归类的社会群体：他们既有自己的生活圈子，又属于各种团体，而且还和别的团体成员打交道。受众成员的种种社会关系左右着他们对媒介信息的选择，制约着大众传播的效果。社会学对于社会关系的网络特征与内部作用机制，始终保持高度关注。人们关系网之间存在的教化信息具有异质性，这是不同群体之间彼此互通的联系纽带。例如，在找工作阶段，与陌生人的接触远比与熟悉的人接触更加有效果，陌生人可以带来更为丰富的社会关系。社会关系论的主要观点可以归纳为如下几点：一是媒介向社会成员提供各种信息，社会成员有选择地接收和解释这些信息；二是造成社会成员有选择的大众传播信息接收行为的重要原因在于，他们的社会关系影响着他们的接收方式；三是当个人对媒介内容的选择性决策为家庭、朋友、熟人和其他人与他有关系的人所改变时，表明上述的社会影响在产生作用；四是个人对大众传播媒介的注意形式和反映形式，反映出他的社会关系网络；五是大众传播媒介的效果既非一致的强大，也非直接的，个人间的相互影响极大地制约和影响着媒介效果。随着工业化和城市化的进程，独居青年群体的社会关系将发生新的变化，以传统方式和家人朋友间的相互联系会减少，多以网络形式与陌生人或熟人建立联系，在形成灵活的社会关系的同时，也因为网络的影响，容易使独居青年产生自我封闭的负面心理以及社交障碍等问题。

## 三、智能居住空间与独居青年群体的关联性

### （一）多角度提高生活效率

独居青年在岗位上每日高强度工作，享受居家生活的时间被压缩，而通过智能化居住将能够有效提高独居青年的生活效率。在设计过程中，需要明确使用者的具体需求，从多角度对家居实现集成化的管理模式。例如，自动仪表盘能够向有关部门自主地提供实时数据，无须人力成本，并且方便信息的采纳与收集。睡眠、起夜、离家时需对灯光进行开关，利用智能化的情景模式，实现睡眠、离家、会客、影音等多种场景灯光，通过一个按钮即可实现控制，减少不必要的操作。远程遥控设备，摆脱掉距离的限制，节省使用者线下操作时间，提高工作效率。将独居青年居住环境中，智能操控“点”连成互相联系的“线”，形成系统化的智能居住模式，从多角度提高其生活质量。

### （二）符合全生命周期理念

智能居住空间具备灵活的适用性与长久的实用性，根据独居青年的年龄增长和需求变化，满足其全生命周期的使用需要，通过科学智能化的手段为其打造舒适的居住体验。例如，在灯具照明方面，感应灯能够在使用者经过后自行关闭，

避免因遗忘而产生额外的耗能，也能够根据天气状况及人们的使用目的，灵活自主地调节至最为适宜的灯光照度。居住空间的平面布局可通过移动隔墙进行灵活的划分，根据独居青年的使用需求，改变功能空间的使用目的，使得空间利用率更高。智能家居利用可变换的自由组合方式，营造出灵活变通的独居青年居住空间，结合全周期性设计理念满足该群体在不同时期、不同形式、不同状态下的使用需求，为独居青年带来优质生活的同时，也十分符合当下可持续发展理念。

### （三）提供科技化生活模式

在传统家居具备基本使用功能的基础上，融入科技化的智能应用手段，丰富设计的多样性，并有效提高居住空间的舒适性及居住者的幸福感。从独居青年的行为体验、视觉体验、环境体验、心理体验等多方面入手，提升室内居住空间的趣味性与交互性。例如，将电子屏幕或投影设备与智能体感设备连接，独居青年与智能化的电子设备相互交互，充实居家生活，并可实现足不出户的健身体验。在炎热的夏季，在归家的路程中可通过手机程序对家中的空调设备进行远程控制，入户即可享受冰凉的温度与适宜的空气湿度。居住空间内的各类智能家居，通过语音指令控制，实现家居的互联互通。科技智能信息模式，保证居住空间的科学性和智能性，感应设备自主地对居住者的行为活动做出反馈，营造舒适、高效、温馨的生活氛围，提升独居青年的情绪价值。

### （四）保障生活的安全性

智能家居的使用以稳步上升的趋势提高了人们居家的安全性。例如，在独居青年需要外出工作的清晨，由于时间紧迫，常忽略对水电状态的安全检查。尤其是对于强迫症一类的人群，更是一件令其困扰的事情。智能家居的出现，能够完全避免这类问题的发生，智能化的设备能够自行对盥洗室、厨房、窗台等需要水源的地方自行切断。家电的电流电压问题，由电力报警系统实时记录数据，对大功率电器进行固定时间的自动巡检，在危险发生前及时通报，确保居住者的人身及财产安全。在电器使用时，电力系统也会自动评估，始终处于安全值的范围内，避免了由于电流电压过高而造成的保险丝熔断短路情况。以上，均可以在使用者不在家的时候，通过手机 APP 进行一键远程操作，通过智能化手段保障生活的安全性，规避风险。

# 第二节　独居青年群体的智能居住空间设计原则

## 一、精细化设计原则

在设计独居青年居住空间时，设计者要秉持以人为本的设计理念，以居住者的生活需求作为出发点。在精细化设计原则的基础上，设计者结合现代化的科学技术手段，打造出舒适宜居的人性化住宅。在有限的居住空间内，通过精细化设计，科学规范的提升住宅的居住性能，设计出符合独居青年群体的智能居住空间（如表 4-1）。

**表 4-1　精细化设计原则汇总**

| 空间的复合使用 | 在同一功能空间中，从事不同功能活动，提高空间的利用效率 |
| --- | --- |
| 充分利用空间维度 | 节省横向空间，充分利用竖向空间，有效扩大活动空间 |
| 设计角度精细化 | 科学技术的使用，减少不必要的设计误差 |
| 功能集成型家居 | 在有限的空间内使用功能多样的集成家具产品，节省占地面积 |

### （一）空间的复合化使用

通过精细化设计，使得独居青年能够在同一功能空间中，从事不同功能活动，提高空间的利用效率。例如，起居空间为独居青年群体提供聚会、娱乐、放松休息等功能，多数为接待朋友时使用。独居青年通常在归家后，选择直接回到睡眠空间休息放松，很少在起居功能空间活动，作为户型的核心位置，使用率却不高。在此情况下，设计者可以将其他空间的功能属性赋予到起居空间中，使该空间得到充分的利用。同时，设计者还可以将厨房功能空间中油烟少的烹饪步骤，移步至起居室内操作，使得活动空间更为宽敞，避免因空间狭小引发安全问题。除此之外，起居空间也能够承担餐厅空间的使用功能，并且独居青年在进食的同时，还能够通过智能设备观看电视节目，使其在感官与精神层面得到一定的放松。

多数独居青年选择租住公寓形式的住宅，其入口处的设计大多数为长窄形的餐厨空间，利用两个空间功能重叠的特征，将厨房与餐厅相互结合，提高独居青年居住空间的利用率。同时，还兼顾了入口玄关的过渡功能，实现了一个功能空间在不同时间段的三种使用功能。除此之外，盥洗室功能空间通过干湿区域的划分，同样赋予了同一功能空间不同使用功能。设计者可以将较为私密的如厕区域与沐浴区域设置在内，将洗漱区域设置在外，从时间与空间的两个角度入手，以干湿分离的形式巧妙地将其分离开。并且，在光线条件允许的情况下，洗漱区域能够兼备化妆功能，实现在不同时间段赋予同一个功能空间的不同使用目的。干湿分离开敞式的设计手法，提高空间使用效率性的同时，也为独居青年提供了干净整洁的居住环境。目前市场上，由于其使用需求量的上升，已经为盥洗室配备了成品整体浴室，在有效节省空间的同时，又不失装饰的美观度。

独居青年常需居家办公学习，需要一个相对安静且整洁的区域进行阅读思考，处理临时的工作任务。但紧凑的独居空间内，难以配备独立的阅读功能空间，所以需要对拥有重叠特征的功能空间进行精细化设计，让居住者体会到空间“翻倍”增加的乐趣。睡眠功能空间与阅读功能空间共同兼备私密与安静的特点，通过对睡眠空间平面布局的精细化设计，在内部规划出一个适宜的空间区域，通过空间的复合化使用，为独居青年提供一个较为合适的工作学习空间，达到同一功能空间不同使用功能的目的。

### （二）充分利用空间维度

人们理解范围内的空间分为三种维度，分别为线性的一维空间、平面化的二维空间以及立体化的三维空间。通常大部分物品被堆放在平面，忽略了对立面空间的使用。所以，应将摆放于横向平面的物品，规划至立面空间，实现对居住空间的高效利用。在竖向空间中设置能够储物的吊柜或墙柜，减少对平面的占地面积。例如，独居青年追求潮流，在观看影视节目时多选用智能投影设备代替传统的电视机，或采用悬挂电视机于墙壁的观看方式，不需要放置在平面的电视柜上。这种情况下，电视柜为非必需品，可以省略该家具，减少对起居室平面面积的使用，从视觉上扩大了空间的宽度。除此之外，独居青年的卧室空间也存在空间利用不完善的问题。独居青年春夏秋冬的各类衣物与鞋子等，仅有少部分储存在衣柜中，其他物品常暴露放置，所以需要更多的储存空间解决该问题。在有限的空间中发掘可利用的床下空间和衣柜顶部空间，通过竖向空间的使用扩充卧室的储物能力，符合“家具向上发展”理念。将不经常使用和不必要使用的家具省略掉，充分利用竖向空间，节约横向空间，有效扩大独居青年群体的活动空间。

机械楼板的使用，能够充分挖掘立面空间的潜能，并且其具备灵活多变的优势，受层高的限制较低。与单一利用平面维度相比，立面维度的开发使有限的空间得到最大化的利用。例如，一间面积为 20㎡的盒子住宅，该项目位于北京的五环，业主是 90 后的跨国恋夫妻。该空间采用夹层 loft 设计，层高仅有 3.4 米，但户主身高 1.9 米，居住高度使人感到非常压抑，对于居住者的行为活动非常受限。并且，该空间处于建筑的中间部分，室内的水平空间与纵向空间均无法变动或向外扩展，存在采光情况一般、通风状态不畅、上下楼梯不方便、隔音差等问题。房间内夏天闷热潮湿，秋冬又阴凉寒冷，无法满足两位 90 后的基本居住需求，与其年轻且充满活力的自身条件不匹配，无形中增添了北漂生活的狼狈，所以业主决定对盒子住宅实施改造计划。

基于户型受限的尴尬情况，建筑外墙无法向外拓展，只能对内部空间进行改造。设计师借助两个能够在不同高度移动的机械楼板，对立面高度进行多种组合尝试。通过对立面三个高度的转化，实现空间的功能转变，进而满足业主的生活起居基本要求。该项技术由德国 GRG 集团（Global Retool Group Gmbh）和合心机械制造有限公司提供，实现在不同标高内配合可折叠和功能可相互转化的家居，创造出六种居住模式：睡眠模式、起居模式、娱乐模式、健身模式、工作模式以及多人居住模式。

居住的智能化也是该项目改造的重中之重，包含三个模块：智能家电控制、大数据监察系统、安全保障系统。户主进入家门后，智能家居对人体自动感应，户主可以远程对灯光照明系统、影音系统以及智能家电进行控制。后台的大数据监察系统汇集了家庭的各项数据指标，业主通过软件能够实时查看各类家电的用电情况以及使用状态。房间内的安全保障措施最为严谨，访问夹层的机械楼板采用丝杆升降技术，通过旋转丝杆带动丝母实现楼板的上下升降，结合红外幕帘装置，当系统检测到不应进入区域的物体，楼板会立刻停止升降工作。在智能控制面板上，输入安全解锁密码即可控制，并且设置了自动复位和紧急暂停的按钮，防止由于楼板的错位移动，造成不必要的损失，满足家庭使用的安全要求。房屋入口处配备了智能安防系统，保证居住者的居家安全，为住户提供了一个安全舒适的居住空间。设计师通过智能可控的机械楼板，配备智能化家居系统，利用住宅的立面维度，让有限的盒子空间实现高效居住，最大限度地提升了户主的居住品质。

### （三）设计角度精细化

设计表达的方式从使用铅笔进行纸质画图转变成鼠标键盘键入的电脑软件制图，使得图纸的分寸感更为精确，避免因为设计者的主观臆断造成误差损失。现阶段的设计结合智能科学手段，在设计开始的初期通过虚拟现实的技术，将方案进行初步演示，直接将最后落地的项目效果呈现在眼前，最大限度避免了设计落差，做到及时发现问题及时做出细节整改。设计者在对独居青年居住空间布局时，需要对区域地形、太阳照射角度、主导风向等因素综合分析，结合各领域的学科知识，从各个角度削弱了由于不利条件对独居空间舒适度的影响，从多方面提升了独居青年的居家幸福感。

### （四）功能集成型家居

独居青年的居住空间内，大部分空间被家用电器和软装家居产品占用，在居住面积本身不宽敞的情况下，提升了独居空间的设计难度。选择体积小，功能多样的集成家具产品对于节省空间有着举足轻重的作用。例如，餐厨功能空间中的微波炉与烤箱，可以用同时具备二者功能的光波炉代替，其拥有加热、解冻、烘烤、蒸煮以及恒温保温等功能，避免了微波炉对身体的辐射危害，减少了电器对餐厨空间的面积占用。智能扫地机器人也符合集成家居的功能特点，其具备体积小巧、噪声小且使用频率高等优势。除了基本的吸尘功能以外，还能够做日常的清洁维护，扫、吸、拖，省去了使用拖把二次清洁的步骤，有效减少了家具对空间的占用。现阶段的扫地机器人采用的是 3D 结构光技术，能够自动感知周围物体，并绘制出三维形态，形成程序记忆，提高下一次的清洁效率。与诸多智能家居相同，智能扫地机器人也提供了手机操作的专属程序，可通过操作界面，对其远程操控，保证家中的整洁卫生。由此可见，选择具备多功能的集成家居，能够提高独居青年的生活效率，并在一定程度上减少空间的浪费，提高空间利用率。

## 二、适应可变原则

### （一）全周期性设计

美国学者格里克于 1947 年，从人口学的角度提出了相对完整的全生命周期概念，是对人本理念的完美解释与奉行，经过全周期性设计的居住空间具备更强的适用性与更长久的实用性，做到真正尊重每一位居住者。对独居青年居住空间实施全周期性的设计，将随着独居青年的年龄变化，满足其人生阶段的具体功能需要，使其始终拥有舒适的居住体验。在不同时间阶段赋予空间不同使用目的，利用可变换的自由组合方式，营造出能够灵活变通的独居青年居住空间，与青年群体追求个性新奇的心理十分契合。根据独居青年的实际需求对空间进行规划分割，尽可能地弱化对空间的界定，模糊功能空间的各项特征，通过功能空间的复合叠加，使其丰富多样化。减少居住空间内的固定隔断，借用软隔断作为空间分隔的设计方法，如放置绿植盆栽、灯光辅助、地面材质区分，或使用可移动的墙板等，使得一个空间能够满足多种不同功能需求，围合出符合使用功能的新空间。全周期性设计保证整体空间的通透性，有利于后续阶段对于空间的重新规划使用，实现可持续理念的设计转换。

对于自有住房的独居青年群体，全周期性的灵活设计尤为重要，能够满足青年群体在不同时期的需求变化，根据其使用需求对空间进行不断的更新与调整。例如，青年人从单身到结婚再至三口之家的身份转变，可通过灵活可变的全周期设计，对平面及家居布置进行再次合理的规划，延长空间的使用周期。另外，餐厨空间也是独居空间中非常灵活的可变模块，根据其生活方式、个人偏好以及需求，更换餐厨空间的不同场景模式。对于独居青年的居住空间，空间的适应可变性是空间高效率使用的决定因素，通过全周期性设计满足独居青年在不同时期、不同形式、不同状态下的使用需求。例如，由 MICHAELK CHEN ARCHITECTURE 工作室设计的微型公寓，该项目位于美国曼哈顿市中心，其使用滑动轨道改变空间的功能配置，在 37 ㎡的居住空间内实现睡眠、盥洗、烹饪、进食、工作、更衣、娱乐等需求，可根据后续使用需求对家居和空间进行灵活的调整，实现了独居青年居住空间的全周期性设计。

### （二）选用变形家具

变形家具最大的特点是创造空间，同一个家具可以通过变形创造出多个不同功能的空间。具体来说，变形家具就是家具设计师使用连杆、机扣、滑轮等连接方式增加家具的结构变化，采用折叠、隐藏、升降、共用、位移等方式，使家具功能多元化，使用者只要通过简单的推移、翻转、折叠、旋转等操作就能完成家具不同功能之间的转化。独居青年群体的家具选择引入扁平化的变形家具产品，其特性与居住空间十分适宜。例如，法国家具设计师 Christian Desile 设计的扁平式折叠椅，它与乐高积木和拼图玩具相似，通过简单的几何元素进行组合设计，可在使用时展开，提供相应的功能需要。不使用时，通过拼图或折纸的方式，折叠后可悬挂至墙壁上，或以相互叠加的方式减少对平面空间的占用。可变形的家具在保证安全、绿色以及环保的同时，也兼顾了设计的趣味性。

可变形的家具，能够根据居住者当下的使用需求，进行拆装组合，变成功能不同的新家具。例如，一个黄色多功能沙发椅，当亲朋好友在家中聚会时，可将其座椅靠背 90°翻折起来，作为沙发椅使用。不使用时，可将其座椅平面打开，变形成为储物功能的家具产品。通过选用可变形的家居产品，为不同功能空间提供多样化需求，在一定程度上提高了居住空间的灵活性和利用率，为独居青年节省生活成本的同时，也提高了其居住的舒适性。

## 三、科学技术原则

### （一）设计过程智能化

在独居青年的智能居住空间中融入智能化的科学技术，从智能设计的角度看，设计需要考虑各项数据的挖掘、产品技术的开发应用和设备控制等多方面问题。设计前期，充分了解独居青年的需求偏好后进行图纸的设计，通过设计图纸的数据建造模型，借助虚拟沉浸式体验设备为人们呈现效果，避免设计方向的偏离，提高设计效率。设计中期，结合当下年轻人感兴趣的新型材料，例如，智能玻璃、人工智能电子以及热感应等材料的应用，经过合理规划丰富室内设计的层次样式。设计后期，需做好智能化设备相互配合的联动设计以及后续智能设备更新的工作准备。完备的设计体系推动智能化居住空间的发展，智能居住空间也将促进设计的更新创造，系统地将人与物和流程的标准化与数字化有机结合，创建系统化的数据模型，为独居青年搭建用户个人画像，提供个性化的智能居住空间设计。在互联网产业和5G时代的发展背景下，智能设计融入独居青年的居住空间中，使得各功能空间形成自动感应的串联效果，有效提高了设计、施工以及居住效率，并提升独居青年的场景模式体验感。在智能技术的数据基础之上，秉持“以人为本”的理念，结合居住者的需求与设计者的创意，设计出最优方案。目前，多家地产企业均在推行智能居住空间，通过科技的创新引领智能设计的发展，与科技公司等企业进行深度合作，积极聚拢多方资源，通过完善的业务体系和科学技术，努力创造智慧生活的居住圈。①

### （二）选用智能化家居

在科学技术高速发展的大形势下，智能化是居住产业技术型发展的重要方向，与互联网齐头并进，开启了新居住时代。从独居青年居住的角度看，贴合青年的日常起居，顾及其日常生活行为，在保障基本需求的前提下，提升情绪价值，是科学技术应用的意义所在。居住空间的智能化应用提升独居的便携性与安全感。例如，在房门入口处设置智能门锁，防止出现遗忘钥匙的尴尬情况；智能猫眼及监控屏幕，能够清晰记录每位来访者的身份，保障独居青年的居住安全；玄关处设置智能感应系统，独居青年归家时灯光亮起，并自动唤起屋内连接的其他设备，省略不必要的人为操作。交互体验也是独居青年的偏好，除了通过手机平板与家人朋友进行互动沟通外，通过智能体感设备进行沉浸式互动体验也是不错的选择。例如，在居住空间内设置体感游戏设备，能够与线上或线下的朋友娱乐互动，增强彼此间的情感联系。通过指令与智能设备沟通交流，以即时反馈的方式模拟互动对话，在一定程度上缓解了独居青年内心的孤独感受。

① 潘有顺．基于ZigBee的大空间建筑智能疏散指示系统优化设计［J］．安顺学院学报，2020，22(03)：125－128.

## 四、个性化设计原则

### （一）主观意向设计

独居青年接收来自不同人群的资讯信息以及不同领域的奇闻趣事，对于新鲜事物的尝试也颇有兴趣，使其内心产生诸多新奇的想法。通过网络信息的推送以及针对性的搜索，能够了解有关居住空间设计的各类知识，对于个人居住也有着独到的见解。独居青年群体具有区别于其他群体的个性特点，对于其居住空间需要结合其个人偏好意向进行特殊性设计，伴随其消费水平的提高，逐步实现他们对于个性化的追求。首先，独居青年的住宅普遍存在空间不宽敞的问题，需要根据实际使用需求对平面进行规划布局，减少公共交通面积，移除不必要的家具设施，尽可能地增加各个功能空间可使用的面积，尤其是对睡眠空间的平面设计。其次，在整体风格允许的情况下，融入独居青年偏爱的设计元素，丰富空间的变化。最后，独居青年非常重视个人隐私，所以在保持个性化设计的同时，需要注重对于睡眠空间的私密性营造。例如，睡眠空间，室内布局区别于传统的室内布局，采用夹层抬高的设计，将床体向上升高 1.2 米的距离，在床体侧面设置四层阶梯，床铺下层中空部分以及每层阶梯内的抽屉均能够作为储藏空间，使得立面空间得到充分利用。睡眠空间整体采用染色的松木制板，在视觉上与起居空间区分开来，并带来温馨的感受。阶梯的最顶层作为床边柜使用，可摆放台灯、加湿器、香薰机等各类饰品。独居青年在休息时，可将床体边缘的窗帘拉合起来，形成封闭的“盒子”空间，配合智能灯光和影音播放设备，缓解独居青年的不安情绪，使其生理和心理上得到充分的放松。

### （二）感官层次丰富化

提高独居青年的居住舒适度，将结合智能家居从各个方面提升独居青年的感官体验，增加居住空间的层次感，为其带来居家的幸福感受。视觉方面的感官体验，对于独居青年的情绪变化有着举足轻重的作用。

1. 从独居青年喜爱的个性元素入手，投其所好。根据相关数据显示，大部分独居青年对于动画、动漫以及影视剧有着或多或少的情结。设计者可以从中选取偏好的元素，通过智能投屏的手段，在墙壁或其他物品的表面呈现个性效果。通过个性化的元素表达，丰富独居青年的视觉体验，使居住环境的趣味性得到提升。

2. 色彩的选择以及比例搭配对于居住空间起着至关重要的作用。通过颜色的表达向独居青年传递情绪的变化，颜色拥有诸多让人浮想联翩的名称，例如，普罗旺斯、维多利亚、香玫瑰。这类颜色单从文字上来看，主观联想能够传达给人们心存向往的感受。当粉紫色高级灰呈现在眼前时，更是从视觉层面上直接给予独居青年浪漫的体验。在不影响设计风格的基础上，结合独居青年的个人喜好色彩，区别于普通单一的白墙，对室内环境进行颜色的改造，营造出温馨且富有个性的独居空间。例如，位于西班牙巴塞罗那的75㎡公寓，根据户主的要求，利用各式颜色与图案进行大胆的设计，丰富了居住者的视觉层次。

除此之外，光源的冷暖、亮暗以及光源形式，会通过视觉的传递直接影响独居青年的神经紧张程度。灯光的搭配组合为独居青年呈现不同视觉效果，并适应不同场景模式下的使用。例如，以点状光源形式亮起的台灯，独居青年在夜晚需要加班时，根据周围环境的亮度，自动调节至护眼模式，为其工作学习提供足够的光源；居室内的入户玄关处，在贴近地面的位置设置条状灯带式感应灯，当独居青年打开房门后无须手动触控开关，灯光会通过微量微波感应技术，自动感应人体的存在，为其提供合适的照明强度；睡眠空间的光环境营造，常在墙壁转角处、床头、床下边缘处以局部照明的形式呈现，智能感应使用者的行走路线，保证独居青年起夜时的能见度。透过柔和的暖黄色光源，避免对独居青年视觉上的刺激，渲染出平静柔和的睡眠气氛。灯光根据不同场景模式的需要，采用点状、条状、面状等各类形式不同的光源来结合智能化手段，呈现不同的视觉效果，缓解独居青年的负面情绪，为其营造层次丰富的居住空间。

## 第三节　独居青年群体的智能居住空间设计方法

### 一、智能居住空间的精简化设计

#### （一）空间的精细化设计

独居青年群体的居住空间不仅是临时的家，更是心灵的庇护所。在有限的空间内，通过设计满足独居青年的各项生活需求。对于自有住宅，空间拥有更多的操作可能性，租住形式的独居住宅，需要考虑后期归位还原的问题。无论是何种形式的住宅，设计者都需要对独居空间中的各部分功能空间进行精细化设计。精细化设计是对居住空间的划分整理，保证区域面积与规范尺度的合理性，结合人体工程学的标准数据为空间的整合提供有力支撑。例如，睡眠空间是独居青年必不可缺的功能空间，基于居住者在空间中的需求尺度及活动范围，搭配适宜比例的床与衣柜，按需放置床头柜，避免空间的浪费。在满足使用者休息放松的需求外，整合功能类似的区域，创造更多的储物空间。通过对居住空间不断的精细化推敲，设计出符合居住者各项行为活动的功能空间。

### （二）不同功能空间的复合使用

独居空间的复合使用主要是将拥有同功能或同行为属性的空间进行整合，把具有相同属性的功能空间区域化。高低错落的建筑通过起伏展示环境变化，住宅空间通过不同的组合形式来环绕形态，内部空间根据使用功能的异同，划分出各种类型的环境表情。居住空间在保持独立的同时，又互相关联。将不同空间的使用功能放到最大化，充分利用好独居空间的每个区域，保持空间的简洁性和完整度。

#### 1. 空间与居住者行为属性的关系

空间是一个三维统一的连续体，室内的功能空间通过不同情境的环绕，构筑出满足居住者行为活动的空间场所。居住者们在各类不同功能的空间进行不同行为活动，展现出空间的不同特质。人们在不同功能空间完成具有关联性的行为活动，空间对应着相似的行为。例如，起居空间对应着居住者休闲娱乐的行为活动，人们在该空间的活跃度颇高，会制造出一定的分贝值；餐厅空间对应着居住者饮食就餐、观看影音等行为活动，属于内部空间中居住者较为活跃的区域。卧室空间对应着休息睡眠的行为活动，该空间不易产生噪声，需要维持安静的状态；书房空间对应着学习、工作、阅读等行为活动，同样需保持平和静谧的环境。在不同功能空间中进行的行为活动，存在着共通性，具有同样的环境要求。

独居青年群体居住空间的整合需根据居住者的行为活动特点对其内部功能空间进行划分。首先，需要限于一定的时间段，在一个功能空间中完成的一系列活动行为进行聚合整理。其次，将这些行为活动详细地分类，在不同场景下，记录使用者对于家具的使用情况。最后，确定出居住者行为活动需要的空间面积，使得不同尺寸的家居产品能够灵活地放置在居住空间内，结合居住者的行为特点，通过设计尽可能地在一定区域内满足其居家活动，为其他功能空间带来更多可能性的同时，使得各功能空间井然有序且互不干扰。

#### 2. 空间与空间的并集整合

空间与空间的并集整合，其组合形式为被包含的关系，即大空间包含小空间，并将大小空间整合处理。根据调查数据显示，独居青年群体居住面积均较为狭小，套内面积无法满足各个功能空间的布局设置，所以在同一个空间中进行多样化设计显得尤为重要。通过对使用者行为动线、自身需求以及内部居住面积划分等多方面的调查整理，细化大空间中的小空间，并深化具体功能。需要延伸出小空间的多元性，丰富空间层次，使得一个功能空间能够完成两个甚至更多类型空间所能完成的事情。不同功能空间之间没有阻隔，以相互串联的形式存在，提高空间彼此的兼容性。除了要满足独居青年生活的基本需求外，在设计阶段需要精确地对各个空间进行详细划分，利用好空间的每一处，保证空间功能的完整度以及不同功能空间的流畅度，做好空间与空间的并集整合。

## 二、智能居住空间的可变性设计

独居青年群体中大多数是孤身一人在大城市奋斗打拼，由于其自身存在着多种不确定因素，例如爱好习惯、社交氛围、工作调整等，所以他们的居住环境以及生活方式也受到诸多影响。随着独居青年自身职位的变动、社交圈层的变化、薪资的涨跌浮动以及主观意向城市选择等具有变化性问题的出现，使其居住地点的选择也存在诸多不确定性。综合考虑建筑规范和室内居住面积无法更改的现实条件，设计者需要对居住空间做出合理的调整，借助智能化科技手段丰富存在限制的功能空间，满足独居青年灵活的居住需求。独居青年居住空间的可变性设计十分符合可持续发展的思想，能够有效减少对能源的消耗，为居住空间的绿色发展贡献力量。

### （一）空间的可变性设计

独居青年居住空间的可变性设计的意义在于让每个空间不只限定在一个功能，而是在有限的空间中挖掘该空间的更多可能性，根据使用者的主观需求，进行可变性设计。例如，起居空间不仅为使用者提供日常休闲活动娱乐，也能够根据居住者的作息习惯及需求，在不同时间段完成餐厅、厨房、卧室、健身房等不同功能空间的活动，对同一空间进行灵活的功能转换，在不同场景模式下实现空间的切换。对于独居青年群体来说，居住空间的灵活可变是在有限的空间中高效使用以及多元居住的重要因素。独居青年发挥主观能动性，自由选择居住条件，根据自身需求在有限的套内面积中进行空间的组合搭配，在一定程度上使居住空间更加多元化。

独居青年居住空间的设计需要考虑其收入情况、变动频率以及居住空间是否为自有住宅等多方面因素，遵循以人为本的设计原则，根据其自身需要合理地划分空间，提高空间的可变程度。空间可变性通过空间的分与合、封闭空间设计，以及功能多元化的方式来解决。

1. 空间的分与合

独居青年居住空间通常出现面积不足、空间受限、层次单一等问题，仅能满足基本的生活需要，通过空间的分隔与合并能够在很大程度上缓解该问题。以空间分隔的方式形成新的空间，增强空间的层次感，满足独居青年的多方面需求。不同功能空间根据独居青年的使用需求进行合并重组，在空间与空间彼此渗透连接的基础上，丰富其使用功能与形式。例如，使用底部安装滑轮的墙体对空间进行分隔，隔墙根据需要可以进行推拉、移动来更改放置的方向与位置，起到屏风遮挡的作用，可在同一块区域创造出两个功能空间，最大限度提高了空间的利用率。移动隔墙强化了墙体自身的结构功能，使得空间能够在独立与融合之间相互转换，扩充内部空间使用功能的同时，也没有忽视其私密性的营造。例如，以施罗德住宅为代表的荷兰风格派艺术建筑，在二层处设置了可移动的隔墙，当白天无须使用时，将隔墙和门体折叠或隐藏，提供通透的活动空间，朋友们于此可毫无距离地娱乐、聊天，加强彼此的互动与交流。当晚上需要营造私人空间时，再将墙体移动至合适的位置，对空间进行巧妙的分隔，形成符合生活起居的各个功能空间。通过多种形式利用可移动隔墙来实现空间的分与合，形成多样化的功能空间，有限的空间内展现灵活性的同时，也增强了空间之间的关联感，为独居青年的生活提供更多选择。

2. 封闭空间设计

从独居青年现代居住空间的设计来看，设计者注重对动静环境的营造，通过合理设计将开放状态与封闭状态处理到位。其中，封闭空间指的是厨房与卫生间，由于在使用过程中容易产生油烟和异味，布线复杂且管道较多，所以多数室内设计中将厨卫空间作为独立的存在并设置为可封闭的状态。与其他功能空间相比，厨卫空间的面积较狭小，堆积存放了诸多杂物，容易产生卫生死角，独立设置有利于日常的使用与清洁。对厨卫空间做好封闭预防工作，避免居住后期出现管道漏水、水电无法正常供应等问题，影响其他功能空间的正常使用。通过集中布置的方式，对部分空间进行封闭设计，以保证居住空间的舒适宜居。

3. 空间的多元化

空间的多元化设计的意义在于将居住者的诸多使用需求汇总至同一功能空间内，使得居住者能够在一个功能空间完成在多个功能空间中完成的活动需求，充分挖掘空间潜力，实现对居住环境的高效率利用。不同功能空间对应着居住者不同的行为活动，所需要的行为空间也不尽相同。根据实际使用情况，结合人体工程学和日常行为习惯，对家具的尺寸与使用要求做出具体限定，在有限的空间内按照其进深与敞开程度进行合理的分析与设计。例如，当室内空间不足以容纳餐厅与厨房两个功能空间时，可在厨房操作平面设置可折叠桌板，使用时展开可提供就餐位置，不使用时推拉收纳即可，餐厨区域通过多元化的设计能够达到互通的效果。多元化设计对于陈设的选择，更倾向于边角整齐的矩形家居，与不规则接触面的家居相比，形态规整的家居在平面放置不会出现浪费空间的情况，使空间得到最大化的利用，满足居住者的多元化需求。

### （二）家具的可变性设计

在功能空间可变性设计的过程中，室内空间的进深需要满足各类家具的尺寸，以此作为基本前提，才能对居室进行灵活的设计。与此同时，家居产品也在配合着使用者的生活方式、心理变化以及室内空间的布局进行创新，通过可折叠、变更材料、改革功能结构、扁平化设计等方式，把两件或更多的产品集合成一件家居。其优势在于：能够让原本分离开的功能彼此联系，在使用过程中更显流畅；在狭小的空间中，在满足居住者使用需求的基础上，也从根本上缩小家具的占地面积，在一定程度上扩大了视野；独居青年仅需要少量的成本付出，即可获得高品质的功能需求；打破了传统家居的限制，对空间进行灵活的划分，通过叠加、展开以及缩放等方式增加家具的趣味性，开创出家居的更多可能性。可变性的家居设计满足独居青年群体在不同成长周期的使用需求，迎合青年群体在生活中追求新奇的心理。设计者们需要更深入地调研与实践，提高产品创新意识，设计出更加符合独居青年群体的多功能家居。

变形家具主要流行于小户型居住空间，就设计而言，主要针对房屋面积不足、居住人群喜好差异等问题，因此十分适合独居青年使用。变形家具在功能较为单一的普通家具基础上进行再设计，在外观、使用方式上能够根据实际需求发生改变，在多种模式之间转变，使用更高效，节省空间的优势更为明显，同时符合现今的装修趋势“空间多功能化”的特点。

#### 1. 以空间使用需求为导向的变形家具设计意义

以空间使用需求为导向的变形家具是根据家具与空间的关系进行家具设计的，能够带来空间的变化与合并，丰富空间功能需求。“最大化利用有限的空间，通过尽量简单的操作，使一个空间产生更多功能分区。”此外，变形家具设计有明确的设计导向，即空间使用需求，能充分考虑空间的利用特性，从现实环境与使用方式出发，结合住户的生活习惯、家庭成员的年龄组成、当地的风俗文化等细节要素，衍生出的产品更具现实价值，和所处的环境保持和谐，对使用者更加人性化，不仅能够在一定程度上替代功能单一且低效的传统家具，而且能够将家具设计、室内空间设计、生活方式设计融为一体。

**2. 以空间使用需求为导向的变形家具设计思路**

（1）“无效空间”的产生及利用

家具所呈现的功能属性，常常取决于它的上表面是怎样的。上表面的特征（高度、尺寸、形态等）决定其本质，如高度 70cm、长 120cm、宽 90cm 的平面常常属于“餐桌”的行列，同样的平面如果高度较低则很容易被归类为“茶几”。因此，许多家具的构成在某种程度上可以理解为具有可使用性的“面”和面的“支撑结构”的组合，而“支撑结构”通常由三至四条“腿”，或者两到三个立面构成。这样的结构关系导致支撑结构所在的空间成为闲置空间，无法最大化利用，只能起到固定“上表面”的作用，在此将这些空间称为“无效空间”。然而，无效空间必须存在，否则上表面则成为空中楼阁。

因此，变形家具的设计创意可以从改造“立面”结构或者改变上部“作用面”两个角度去挖掘、研究变形家具的设计。第一种是改变作用面的特征（高度、大小、数量等），继而产生无效空间的变化。例如，可以这样认为，茶几与办公桌的根本区别在于桌面的高度与面积，假设茶几的桌面高度上升到和办公桌、餐桌一样时，它们就有了共性。第二种是利用无效空间，使得“用来固定作用面”的无效空间，多一种功能，多一份价值。

以上两种方法，都可以实现一物多用的目的，最大化地利用有效空间。每个椅子（或者每个可以用来躺、卧、坐的家具）都可以是一个储物空间。因为每一个这样的家具，在室内空间里，都相对地面处于一定高度，在这些高度的空间里，保留如放腿的空间外，都可以安排储物功能。

（2）“影响空间”的产生及利用

家具在摆放时，不仅占用了与其体积对应大小的空间，也影响了周围的空间。例如，卧室的床占用了室内大量的空间，而它上部的大量空间常常是空的，无法加以利用；客厅墙上挂着的电视使我们不敢倚靠该面墙。因此，人的行动范围与家具的特征息息相关，家具以及它们摆放的位置使得人们在室内的活动轨迹形成了明显的动静线。

由此，我们可以通过改变家具作用面（或在地面上的投影面）的大小或存在形式来进行变形家具的设计，虽然不能实现一物多用，但仍可以通过缩小“影响空间”来提高空间利用率。

**3. 以空间使用需求为导向的变形家具设计方法**

（1）以“隐藏”为出发点的设计方法

“使用时”与“不使用时”是两种模式，两种模式通过几何形态变化实现转换。“不使用时”的特点是便于存放，变化过程可以是折叠、位移、缩小等，但存放状态下没有使用价值，且大多并不美观，如各种交叉椅、折叠椅、翻折床等。为了更好地实现空间利用率，该设计方法通过“隐藏”作用面或者“支撑结构”实现家具体积与形态的变化。

（2）以隐藏“支撑结构”为基础的设计方法

家具在变形方面做出了大胆的创新，将支撑结构采用可伸缩的设计，所有的产品都使用同一种独特的变形方式，拉压形成蜂巢六边形结构，可收缩为厚度仅几厘米的纸板，实现平面与立体的转换。

## 三、智能居住空间的模块化设计

模块化理论最初产生于建筑设计，是随着建筑施工标准化应运而生的。模块化相当于不同零部件经过一定的测量，制作成同样的尺寸，进行统一拼合，形成可叠加、分解、重组的模块体。模块建筑结合现代技术，将部分材料在工厂进行预加工，最大限度节省了施工时间。模块化具有互通、便捷、生产加工速度快的优势，采用模块化的技术手段，能够高效地解决复杂的系统问题，管理好各个单元楼体。现在，模块化的设计手法常应用于绿色智能建筑，对空间功能配置及家居产品的影响颇深，模块设计模式化正向标准化生产不断迈进。

### （一）空间的模块化设计

模块化并不是一个全新的概念，早在 20 世纪初期的建筑行业，将建筑按照功能分成可以自由组合的建筑单元的概念就已经存在，这时的建筑模块强调在几何尺寸上可以实现连接和互换。后来延伸到各个领域。从电子、机械生产领域，再到家具、建筑设计领域，模块化设计因其提升性价比、高效灵活等优势而被广泛应用。随着技术发展，模块化设计的功能性越发完善也受到更多人的青睐，对于室内设计领域也是如此。空间的布局有很多种形态，也有很多种组成的方式和内容，室内空间模块化就是根据不同的空间功能与使用习惯，设计室内各个功能分区的组合方式。使得空间的布局方案更加符合人们日常工作与生活的需求，更加合理与高效。采用模块化设计理念的空间，每一个组成部分都拥有完整独立的功能性，既可以脱离整体存在又能够完美地融入整体。再复杂的空间设计，它的背后也有着潜藏的底层逻辑，整个空间的布局可以划分为一个个小的模块，针对每一个模块根据实际情况，进行合理的布局和规划，让空间更加灵活多样。

模块化的设计方法，是按照规则对大系统进行拆解，形成独立的个体单元。

这种设计将每一个单元作为标准模块，有选择性地将各个单元通过统一的接口，实现彼此单元的空间组合。其组合形式是多种多样的，使用不同的模块进行穿插、叠加、重组，形成满足各类产品类型的多样化需求。

在城市中租房居住的独居青年遵循适应可变的设计原则，使用模块化相互拼接的方法，能够有效提高空间利用率。与整体居住单元产业化相比，不同功能空间进行模块化组合设计的方法更加简洁易用。融合开放型的设计理念，把整体空间划分成具有各个功能的模块，将各部分归置在一起统一布置，使得室内布局更加灵活实用。独居青年的居住空间主要分为三个部分：睡眠模块、盥洗模块以及多功能大空间模块。根据独居青年的个人需求，丰富多功能模块的内容，可将三部分灵活地穿插组合，节省成本的同时也最大限度地利用好空间，能够将成本付出与资源消耗降至最低，并尽可能地满足独居青年全周期的使用需求。例如，餐厅与厨房功能空间的综合与拆解，依据空间的大小以及居住者在空间中的操作流线综合考虑，划分为洗涤模块、操作台模块、烹饪模块、就餐模块以及储物模块。根据空间大小对各个模块进行选择，满足居住者自身使用需求，根据居住者的实际使用情况与个人习惯，对各个模块进行穿插组合。从点线面的角度出发，按需选择功能模块点，再排布出流畅的操作流水线，最后铺排出餐厨的区域面积，在横向与纵向的可变形式上，相互协调进行合理的排布组合，实现对餐厨空间高效灵活的模块设计。

荷兰的 Superlofts 共享社区项目，利用穿插式模块空间，结合智能化的科学技术，成功地诠释了智能居住空间的模块化设计。基本模块由 3 米至 6 米的矩形混凝土框架构成，根据设计需要插入楼板、住宅和联排建筑中，硬装设计简单纯粹，未做过多的装饰点缀。建筑内部颜色使用大胆，装饰画搭配恰到好处。不同规格的模块穿插组合，形成功能各异的空间，吸引各行各业的年轻人前来居住和办公。空间内部的家居设施配备齐全，居住者可对家居自由安置，灵活使用各个功能空间，使得独居青年能够自如体验拎包入住式的居住模式。空间中心区域加入二氧化碳空气传感器，通过两块智能铝板，协调居住空间的取暖、通风、排水问题，与全景玻璃配合，使得空间中的每个角落均受得到阳光的照射，并且在寒冷的冬天，也能够有效提升室内温度。根据青年群体的个人需求，室内空间中减少厨房功能空间配置，在公共区域设置共享厨房。除此之外，还提供了健身房、游乐场、屋顶花园、共享餐厅等公共区域，使得居住者彼此产生联系，在彼此的交流互动中提升社区温度。

### （二）家居的模块化设计

室内设计领域中，模块化设计更多被应用到家具设计方面，进行模块化家具组合的过程就像是在玩积木游戏，它可以通过不同大小模块组合成一个全新的整体，是组合与分解的一种过程，通过若干个标准单元进行有序组合与分解得到一个全新的功能系统，各模块之间具有若干配合要素可随时更换组合。

模块空间将各个功能进行需求整合。独居青年的居住空间存在局限性，需对单一功能的家具进行系统的整合，并结合居住者的日常使用需求，合理减少具有相同功能的家具数量，减少对有限空间的浪费。模块化家具将室内设计与工业设计融为一体，打破类别限制，集合建筑、结构、材料等不同专业知识，逐步将建筑内外部、结构构件、家具材料建立起底层基础，穿插设计语言来实现室外空间与室内空间，室内空间与使用者之间的发展联系，将功能空间的模块化与家居产品的模块化有机结合，促进独居青年居住空间的模块化设计发展。

模块化组合空间通过对居住者实际使用需求减少具有相似功能的家具，在一定程度上减少对空间的浪费，通过模块化的应用提高空间的利用率。模块化常以组合家居的形式呈现，将连续的一组或几组具有连续功能的模块进行整合处理，使用叠加、堆砌、旋转的组合方式进行功能合并。模块化家具的主要设计理念是通过相同模块点的累积形成满足不同需求的组合家具，独居青年按照自身需求，改变家具的功能与外观，发挥创意将模块拼装为衣柜、书柜、背景墙等家具。

通过模块的展开与折叠形成新的形态，也可将模块拆分后重组形成小体积的家居放置在空间的边角处，利用好被忽视的小角落，在狭小的空间中创造出不同的使用功能，充分提高独居青年居住空间的利用率。例如，智能模块，由瑞士联邦理工学院（EPFL）的奥克·伊吉斯皮尔特（Ijspeert）所带领的团队研发的Roombot模块球，它的外观类似正方体色子，每一个模块中配有一块电池和三个小马达，起到快速移动和旋转的作用。Roombot模块球外观小巧，直径长度为22厘米，并在不同角度均设有接口，通过多个模块接口处的拼装组合和不同材料的搭配，即可创造一系列不同形式和不同功能的家具产品，可以将其变成书架、桌椅组合、储物盒子或作为分隔空间的隔断墙等使用功能。除此之外，Roombot能够使静止的家具活动起来，结构十分稳定，充分满足居住者的使用需求。

对于独居青年的智能居住空间来说，模块式的家具产品在满足基本使用需求的基础上，能够让独居青年发挥自身主观能动性，将不同或相同的部件进行组合与拆分，经过化繁为简，化整为零的操作后，根据生活需要制定出最符合当下居住情况的家具，并且后期可进行自由调整，灵活度非常高。模块化的智能家具在出现破损后，仅需对局部遭到破坏的模块进行更新，避免了传统家具直接废弃的现象，减少非必要的成本付出，降低了对资源的消耗。[①]

## 四、智能居住空间的个性化设计

伴随网络信息技术的日益发展和“互联网＋”概念的提出，人们的日常生活已经离不开网络的陪伴以及智能科技，生活中的诸多方面越来越趋向于个性定制化方向。随着物联网新型产业链的推进，智能化家居作为新时代的代表产物走进人们的生活，其中以接受新事物能力较强的青年人群为主，他们对于智能家居有着较高的使用欲望，以期通过智能化的手段为自己的居住生活带来舒适、方便、幸福的体验感，并结合个性化的使用需求，对空间进行具体合理的布置，提高空间的利用率。

### （一）室内风格的个性化设计

在持续更新的装修市场中，智能家居对室内风格产生了不小的影响，智能化是室内风格发展的强大推动力。例如，当下流行的室内风格为：极简、北欧、轻奢和新中式。这四种风格与美式、中式、地中海等风格相比而言，减少了诸多烦琐的装饰，在视觉上带来扩大空间的感受。利用智能化设计，结合“点线面”的手法，通过“点”融入金属、陶瓷、玻璃等具有反射面的元素，对空间起到画龙点睛的作用；通过“线”将划分后的空间整体串联起来，让室内空间的装饰元素彼此产生连接；通过“面”预留出一定面积的空白区域，让居住者发挥个人想象空间，便于后期的设计改造。智能化的家居设计与传统家居设计相比，更加注重充满个性化的量身定做。在居住空间中，减少对于空间风格的限定，在充分了解居住者主观想法与需求后，在遵循设计美感的基础上，有取舍地加入其偏好的风格元素。

色彩设计是室内风格的主要影响因素，处于视觉反馈的中心区域，能够为居住者带来最为直观的心理感受。当独居青年进入室内环境时，首先映入眼帘的是空间的环境色彩；其次是家具陈设，这说明首先是对于色彩的感知，接着才是形体的造型变化，所以色彩设计在室内设计中具有一定的分量。色彩具有长短不一的波长，通过大脑的反馈间接地影响居住者的心情、精神以及心理等各方面的变化，从而产生轻松、安定、愉快的正面情绪，或是烦躁、易怒、紧张的消极情绪。通过智能手段使得室内环境颜色产生变化，在一定程度上调节使用者居家的

① 白小芳，龙社勤．智能产品在商业空间设计中的应用［J］．中国建筑装饰装修，2020（02）：88－89.

精神状态。例如，比尔·盖茨的智能居住空间在色彩方面的控制，通过居住者胸前佩戴的小型传感器，结合其日常居家的行动路线，镶嵌壁上映射出居住者喜爱的影片。根据传感器反馈的心率数据，分析出居住者的情绪状态，利用光影的叠加来辅助色彩，进而丰富投射在物体上的层次变化，通过颜色的转变来稳定居住者的情绪。完善的智能家居系统在运作过程中，对居住者们的喜好主动感知，利用色彩的明度、饱和度以及亮度等多方面因素，达到和谐的环境状态，为独居青年提供舒适的体验。

在智能居住空间的设计后期，借助智能设备丰富空间的风格特征，满足不同时期以及不同地域的独居青年对于智能居住空间的要求。作为设计者，需注重独居青年对于居住空间的个人观点及感受，在进行私人定制时，拒绝千篇一律的复制粘贴，在个性与原则上追求平衡，为室内风格开创更多可能性。

### （二）家具的个性化使用

智能化家居对于室内陈设方面有着举足轻重的影响，主要表现在陈设的选择、造型以及布局放置方式。例如，起居室中在电视背景墙、电视柜，以及电视机的选择方面发生了改变，早期的电视机由大机箱和电视屏幕组成，为了在视觉上削弱电视机的体积感，会在背景墙上设计出 10 厘米的径深距离，使用颜色相匹配且平面宽度合适的电视柜与之搭配，并结合使用者的观看角度来确定电视柜的高度。伴随科技的不断发展和使用者日益升高的使用需求，显示屏经历了背投、等离子、液晶显示屏三个阶段，屏幕大小也由 20 余英寸增长至 60 余英寸，屏幕分辨率以及色彩的展现也十分优秀。屏幕与机箱的厚度设计得愈来愈轻薄，无须电视背景墙来减少体积，电视背景墙也由最初带有层次厚度的框架木龙骨，结合室内设计风格，逐渐向大理石或软包等较为简洁的处理方式转变。现在，人们的物质基础已经具备，更加追求精神层面的享受，视觉观赏方面偏向于影院效果的营造，希望达到足不出户即可获得院线级别的视听享受。部分独居青年选择智能投影仪来代替传统的电视机，仅需要一块平整的纯白墙面或白色幕布，对于放映距离没有过多的限制。为了更好的视觉效果，室内环境的明度不宜过亮，昏暗的环境有利于视频清晰度的呈现。投影仪运作简单，连接网络即可投放想要观看的节目，搭配智能音箱可从听觉角度提升观感，为使用者带来便捷、舒适、又充满科技感的个性化观影体验。

智能投影仪的使用还能够影响独居青年的心理状态，缓解其内心的孤独感。近日，在 Facebook 上流行的“假窗挑战”，其借助投影仪的动态投屏功能，营造身临其境的奇妙感受。全程仅需要三个步骤，首先，需要一面没有任何杂物且平整的白色墙面；其次，在网页搜索关键词：“窗外白噪声”“fake window”

“window4k”等词汇，找到相应的视频素材并保存；最后，通过手机或其他储存设备，连接投影仪来循环播放视频内容。配合视频的画面和声音，使用者能够获得来自不同地点、不同时间、不同时空的沉浸式体验，欣赏各式各样的景色，在一定程度上缓解了独居青年内心的负面情绪。例如，视频中淅沥的雨声，为独居青年带来清新幽静的感受；环带状两极的极光滑落，蓝绿色的光辉为独居青年带来新奇的视觉体验；大海高涨潮汐的岸边，伴随有节奏的海浪声入眠，为独居青年营造出平静的睡眠环境；根据不同的节日需要，投放对应氛围的画面，缓解独居青年内心的孤独感。设计师应当充分利用陈设的智能化设计，为独居青年打造出功能合理，方便宜居的室内环境，以期提升其居家生活的幸福指数。

除此之外，灯光也能够针对室内空间进行个性化设计，通过冷暖变化、光照强度以及不同类型的光源渲染空间氛围，营造符合不同设计风格的室内效果，并通过不同视觉效果配合独居青年的情绪变化，打造个性化生活空间。例如，结合智能化控制方式，设计出可与 Wi-Fi、音响、摄影等功能相互连接的智能灯具，配合不同模式下的场景使用，实现智能家居系统的配套。根据室内房屋的个数和使用者的个人习惯，在适宜的位置设置一体式控制面板，通过与手机互相联通，仅需轻触按键或一键远程遥控即可控制室内灯光的亮暗冷暖，实现不同场景的切换。智能照明还能够自动感应控制，通过传感器的感知判断居住者是否需要光源照射，自行调节开关状态，提高居住者的居住便捷程度。通过智能射灯、落地灯、踢脚线感应灯、背景氛围灯等智能灯具的搭配组合设计，营造出能够放松身心且颇具艺术感的个性居住空间。

# 第五章 不同复杂流线建筑空间布局优化设计

流线设计是建筑设计的基础，与建筑设计的各个方面有着密不可分的联系。然而，与建筑功能、建筑空间等其他建筑理论相比，建筑流线常常被建筑师忽略。在实际设计中，建筑师常常会出于经典建筑学对美学的追求而忽略了流线与空间的关系。虽然空间设计功能性日趋复杂，复杂流线、复合功能建筑蓬勃发展，但与实际建设需求反差鲜明的是，复杂流线建筑的基础理论研究还有待完善。某些建筑的空间布局问题所产生的根源来自不当的流线设计。尤其是在复杂流线建筑的空间布局设计中，对于流线的模糊认知导致建筑师对于建筑空间布局设计问题容易陷入迷茫。

通常，建筑空间布局设计流程包含规划布局设计优化、功能空间设计优化、流线调整与设计三个方面。法院建筑、医疗建筑、交通枢纽建筑、商业综合体建筑与其他公共建筑相比，具有功能组织相对复杂，人员密集、人流复杂的特点。本章以建筑学的视角，主要从法院、医院、交通枢纽、商业综合体这四类复杂流线建筑入手，比较其在规划布局、功能空间、流线设计的异同，归纳总结了复杂流线建筑的建筑空间布局优化要点和方法，以期在相关复杂流线建筑的空间布局优化问题的评价目标制定、人机交互式的评价与选择等过程中提供一定的建筑学意义上的常识性、规范性的理论依据。

## 第一节　法院建筑空间布局优化设计研究

法院作为国家的司法机关，肩负着法治国家建设的重大使命。具体来说，法院既要承担刑事、民事和行政诉讼等基本业务，还要承担对公众进行法制教育，调解民众纠纷的义务。随着法治社会的不断完善，法院在社会中的作用和功能也日益凸显，在具体的法庭设计中，应从功能布局和造型设计等几个方面来反映其自的特点。运用现代建筑的方法来展现法院的空间和布局设计，满足其社会功能及形成良好的场所空间，使法院建筑具有内在的庄严与神圣形象。

## 一、法院建筑规划布局的设计研究

### （一）法院建筑规划布局存在的主要问题

目前，我国已经建成的很多法院建筑，由于历史和其他因素的影响，法院建筑在与周边建筑的关系、在城市道路空间尺度等方面存在不同的规划布局问题，具体体现在以下几个方面：

1. 极度紧张的用地条件，由于法院建筑通常比邻城市道路布局，缺乏如法治广场等室外交通缓冲节点，场地出入口易造成交通拥堵的问题；

2. 面宽较窄的狭长建筑基地，由于法院建筑通常采用单边紧邻城市道路布局，易造成出入口混合，流线混乱的问题；

3. 场地高差较大的用地条件，法院建筑由于与城市道路有较大高差或没有直接临街面而难以形成正常的建筑与道路的尺度关系。

### （二）法院建筑规划布局优化

我们可以从以下几个方面对法院建筑的规划布局进行优化。

1. 建筑基地内应分别规划足够面积的公众集散广场、法治广场和停车场，并分别设置出入口，使人车分流。同时，停车场应分区管理，警车需要设置专用的停车场（可设于地下或半地下）。

2. 基地应划出警车专用通道，不得穿越任何公众和办公区域，并确保警车能够畅通无阻地直达羁押所；

3. 行车出入口宜偏离作为公众集散广场的中轴线，防止交通拥堵。

## 二、法院建筑功能空间的设计研究

法院是世界各国普遍设立的国家机关，主要通过审判活动惩治犯罪分子，解决社会矛盾和纠纷，维护公平正义。人民法院是中华人民共和国的国家审判机关，中华人民共和国设立最高人民法院、地方各级人民法院和军事法院等专门人民法院，其审理案件，除法律规定的特别情况外，一律公开进行，被告人有权获得辩护。

法院建筑是法律行使的装置和载体，按照平面功能，其空间主要可以划分为审判及配套用房、公众使用用房、行政管理用房、附属用房四个主要部分。法院建筑又细分为九类功能用房，分别为立案用房、审判用房、执行用房、信访接待用房、审判配套用房、审判信息管理用房、诉讼档案用房、司法警察警务用房、辅助用房，具体情况见表所示。根据法院的级别，法院建筑功能用房的构成会有所增减。其中，审判及配套用房和公众使用用房是法院建筑功能空间的主体部分，它们分别是进行刑事和民事案件开庭审理的中心和对公众进行法制教育、调解民众纠纷的场所（如表 5-1）。

**表 5-1　法院建筑功能用房的构成**

| 名称 | 功能构成 |
| --- | --- |
| 立案用房 | 立案登记室、当事人等候大厅、立案听证室、立案调解室、诉讼收费室、当事人诉讼服务室 |
| 审判用房 | 大法庭、中法庭、小法庭、独任法庭、庭审合议室、诉讼调解室、听证室、远程庭审观摩/案件讨论室、远程提讯/质证室等 |
| 执行用房 | 执行材料接转室、执行听证/和解室、对外委托工作室、执行指挥中心、执行物保管室等 |
| 信访接待用房 | 来访登记大厅（室）、候谈厅（室）、接谈室、来访听证室、来访调解室、来信阅处室、院（庭）长接待室、法警值班室、公安民警值班室、特殊情况处置室、安全监控室等 |
| 审判配套用房 | 当事人候审室、旁听群众休息大厅、陪审员室、公诉人室、律师室、证人室、鉴定人室、翻译室、刑事被告人候审室、法警值庭室、羁押室、法庭设备控制室、证物存放室、法庭抢救室、法官更衣室、审委会评案室、合议室等 |
| 审判信息管理用房 | 审判信息中心机房、涉密信息机房、密码设备及机要信息管理室、审判信息综合管理控制室、通信信息设备及管理室、灾备室、UPS 电源室、线路接入管理室、数字电视信息设备及管理室、中控信息管理控制室、设备维护及备件室等 |
| 诉讼档案用房 | 纸质档案库、数字档案库、实物档案库、特殊档案珍藏室、查阅登记室、目录室、纸质档案阅览室、电子档案阅览室、涉密档案阅览室、档案复印室、接收档案用房、整理编目用房、保护技术用房、档案数字化处理用房等 |
| 司法警察警务用房 | 司法警察备勤值班室、枪械室库、警用装具室、司法警察备勤宿舍等 |
| 辅助用房 | 新闻发布室、新闻记者工作室、外宾会见室、法律文书文印室、审判业务资料室、赃物库房、业务用车车库、公共服务及设备用房等 |

法院建筑应有分工明确的多种出入口，对外出入口至少应包含：公众出入口、庭审人员出入口、当事人（原告、被告）出入口。它们需互不干扰，尤其是被告中的犯罪嫌疑人出入口，其位置应隐蔽，不可与其他任何出入口发生干扰，否则应采取隔离措施。公众出入口是法院建筑的主出入口，位置应明显突出，面临入口广场，紧邻城市道路，以满足集散使用需求。犯罪嫌疑人出入口外应配有停车场地。人民法院法庭各类用房应按其功能的不同及其相关性，分别集中设置。法院建筑中审判及配套用房与行政管理用房在布局上应以审判法庭为中心，按功能分区布置。审判及配套用房从法院工作的特性来看具有法制性与社会性的双重特点，与大厅一般为串联式布局。公众使用用房一般布置在大厅的两侧，而大厅由于其联系的功能内容较多，可采用中庭形式。行政管理用房通常组织严密，自成一区，不可与庭审辅助用房相混，既要封闭私密，又要尽可能地与面向公众的各法庭紧密联系。立案用房、信访接待用房与审判区域、办公区域应相互隔离，必要时可单独建设。当事人的两类用房——控告方和被告方用房应分于法庭左右两侧布局且不被公众看见，便于庭审过程中当事人从不同方向出场或退场。羁押犯罪嫌疑人的看守区需位于法院建筑偏僻的一角，羁押所各房间需自成一区，且候审室应为单人间以防串供，同时需其他功能区有严格的隔离。对法院建筑的功能空间进行优化，我们应该将重点放在以下几个方面：

（一）法庭审判区，它集中了多种类型的人流，包含法官、检察官、律师、当事人、证人、旁听者、记者等，因而需要组织不同的交通模式与流线；

（二）门厅不仅要考虑到法律建筑本身的建筑性格，也应考虑公众紧张的心理；

（三）信访大厅应注意避免出入口较小、较隐蔽，且存在面积不足的问题；

（四）交通空间可采用双走廊系统，以保证法官和公众的流线互不影响，同时注意兼顾法庭建筑的自然通风和采光需求。

此外，在进行法院建筑功能空间优化的同时，设计者常常需要通过更大的建筑面积来保证各种类型流线互不干扰。如此一来，不仅会增加建设投资，同时也容易存在空间浪费的问题，如不合理的法庭布局导致平面中出现多转角的浪费空间等。因此，如何在保证法院建筑流线和功能要求的前提下，创造最经济最合理的功能空间布局形式势必加大了设计难度。

## 三、法院建筑流线调整与设计研究

作为复杂流线建筑之一，法院建筑人流可分为六种：法官人流、当事人人流、公众人流、办公人流、律师人流、羁押人流。

### （一）法院建筑流线的特点

法院建筑的外部流线组织主要是组织解决好公众、办公人员、当事人、犯罪嫌疑人四种流线互不交叉的问题。总平面布局的出入口至少应包含：公众出入口、工作人员出入口、警车出入口，同时注意人车分流。基地前部的集散广场和各种车辆停车场的场地出入口不得共用，可将行车出入口偏离作为公众集散广场的中轴线。

对于法院建筑的内部流线组织，法院建筑作为复杂流线建筑之一，内部交通流线主要包含公众流线、法官流线、办公流线、羁押流线。公众流线是法院建筑中流量最大的交通流线，与大中小法庭、调解、法制讲堂、新闻发布厅等一些公共大空间联系密切，特点是流量大、频率高，兼具集中性、自由性和连续性。公众人流通常由法院审判楼主入口进入，通过大厅进行分流。法官流线是贯穿法院建筑办公用房和庭审用房的重要流线。出于公平公正以及法官工作的安全性和私密性的要求，法官流线应尽可能避免与公众的流线交叉，尤其是避免与当事人流线的接触。法院内部工作人员办公流线可分为内部行政办公人员流线和对外办公人员的流线。与公众流线相比，办公流线相对简单高效，流量变化相对固定，使用频率较低。法院办公流线应尽量减少与公众流线的干扰，如避免将法庭部分附属设置在办公楼里。羁押提审流线以安全、方便、短捷、隐秘为原则，不得与其他流线交叉，不能穿越任何其他功能区，有条件的可以与外部进行物理隔离，如尽量不开窗户或开小窗。

对于法庭区流线组织来说，它作为法院建筑的主要功能用房，其在流线组织上需注意以下几点。首先，大、中法庭旁听由于人数多，人流流量大，因此出入口应直达外部交通设施（如门厅、中庭、广场）。小法庭作为民事法庭，旁听人数少，不存在独立的羁押流线对其限制，但使用集中且使用频率高，因此交通流线应集中考虑。其次，当大、中、小法庭需设置两层时，宜将大法庭设置在顶层，以保证结构的合理性，但同时应为羁押流线的专用垂直通道。最后，犯罪嫌疑人流线进入法庭时不得穿越旁听区。法官从法官办公室到达法庭或调解室的流线应最短，且到达法庭法官流线不能与其他流线交叉。

### （二）法院建筑流线组织中存在的问题

建筑流线俗称动线，是指人们在建筑中活动的路线，根据人的活动路径把一定的空间组织起来，然后根据流线设计分割建筑空间，从而达到划分不同功能区域的目的。在某个建筑的设计初期，我们需要将各类使用者一一区分出来，对他们各自的活动习惯和活动区域进行研究，总结出大概的活动路线，参考这些活动路线合理地布置不同的功能区，尽量使各交通流线不干扰、不冲突，让不同的使用者都能高效、快捷地到达目的地。目前，法院建筑在交通流线组织上主要存在以下问题。

1. 部分流线过长影响了法务工作效率的问题。如，由于立案区和信访区的设置相隔较远导致的公众流线过长；由于法官办公室与庭审区相隔较远导致法官流线过长。

2. 功能用房布置不合理导致不同流线相互混杂的问题。如，由于办公用房共同集中了法官与行政人员的办公场所，导致法官流线与行政办公人员的流线混杂，法官工作的私密性未得到保障。

### （三）法院建筑内部流线组织模式及优化

#### 1. 流线组织模式

建筑内部流线组织受建筑规模、用地条件、平面功能的直接影响，场地宽松，建筑规模小的建筑，可以主要利用水平方向组织流线。功能要求复杂，场地条件限制的常采用水平与垂直相结合组织流线。法院建筑是个功能复杂的公共建筑，结合现有一些法院实例，笔者总结法院建筑流线组织的四种基本模式。

（1）“一”形平面法院建筑的流线组织。优点：水平方向流线组织，垂直交通少，联系方便，避免大量人流。易于形成横向建筑体量，体现法院的庄重与威严，从法官办公区到审判区流线较短，利于法官和书记员流线的组织，可以形成双侧走廊布局。缺点：大法庭空间较难布置，其他动线过长。

（2）“L”形平面法院建筑的流线组织，优点：适宜于两面临街地块，易于延续沿街立面，分区明确，当事人与办公人员从不同的临街面进入建筑内部，便于水平流线组织。缺点：法庭部分和办公部分两个长向的沿街立面，较难处理立面上相互之间的关系，转角部位不利于空间使用，例如，湖南双峰县人民法院建筑流线组织。

（3）“V”形平面法院建筑的流线组织，两侧的附楼为法庭部分，中间的主楼为办公部分，水平和垂直交通联系结合。优点：中轴对称，易于体现法院的庄重感。缺点：大法庭空间较难布置，当事人较为分散，交通空间面积过多，例如衡阳市南岳区人民法院建筑流线组织。

（4）“T”形平面法院建筑的流线组织。优点：结合道路情况，法庭区置于办公区的北面，便于市民进入。充分保证南向办公楼的采光。明确的当事人建筑出入口，前后功能分区明确。易于形成完整的空间序列，建筑次入口—立案信访大厅一大法庭。缺点：场地范围内，易造成室外流线交叉，主入口在北侧，使得法院建筑形象设计难度较高。

**2. 流线组织优化**

从上述的各种不同流线组织模式分析中，不难发现以下一些问题，其一，有的法院建筑紧邻道路，缺少法治文化广场作为室外交通缓冲节点。其二，公众流线过多，从不同次入口进入立案区和信访区，两者空间相隔太远，过长的流线影响了公众使用效率；其三，法官办公与行政办公都集中在办公区，导致法官流线与行政办公人员的流线相互交叉，影响了法官工作的私密性。其四，法庭位置及空间形状无法达到最合理状态，特别是多转角的平面布局，空间面积浪费比较大。

依据中小型法院建筑流线组织互不干扰、合程序性、简短流畅的三个原则，可以对流线组织进行以下优化。

（1）通过将相关功能用房集中布置以调整平面布局以缩短平面上的不同流线的长度。如将法官的办公部分与法庭靠近的同时，缩短法官办公室与信息中心的距离，并集中布置以减少法官流线的长度，方便法官的查阅等工作。

（2）为了减少面积浪费，法院建筑的空间布局应以简洁实用为前提，在缩短平面流线长度的同时，合理利用垂直流线布置相关的功能用房。如将立案信访用房与法庭区上下分层布置，并将垂直交通运输部分布置在流线汇集处或建筑出入口附近。

（3）为防止流线交叉，庭审及配套用房可采用双走廊系统，即在法庭相互平行的两侧分别设置独立走廊，一条为法官通道，供法官使用，同时利用时间差也可供羁押人流使用；另一条为旁听公众使用，避免流线之间的互相交叉的问题。缺点是走廊通常需要借助机械技术满足采光和通风条件。

## 第二节　医疗建筑空间布局优化设计研究

建筑根据用途分为工业建筑和民用建筑，民用建筑又分为居住建筑和公共建筑，医疗建筑属于公共建筑中的一种。伴随着现代医学事业的飞速发展，医疗服务从满足治病救人的基础要求，逐步上升为以人为本。医疗服务开始重视患者的服务体验满意度，其中最重要的一个因素便是医疗环境。医疗建筑是医院提供医疗服务的重要场所，医疗建筑内部功能是否健全，空间布局是否合理，内外环境是否满足医疗服务要求，都对医院的整体服务质量和患者的整体满意度构成影响。这便要求在进行医疗建筑设计时必须综合考虑各方面因素，设计出既具有实用性又兼具个性特点和艺术美感的医疗建筑。

## 一、医疗建筑规划布局的设计研究

### （一）医疗建筑规划布局要求

医院规划布局可分为医疗区、医技区、后勤供应区三部分，其中医疗区包括门诊部、急救部或急救中心、住院部，医技区又可兼教学、科研区。医疗区、医技区应位于基地的主要中心位置。后勤供应区应位于医院基地的下风向，需与医疗区保持一定距离但又联系方便。按照功能分区，医疗建筑总平面需要有不同的出入口，如病人出入口、医护人员出入口、后勤供应出入口、尸体出口等。

医院规划布局形态可以分为：分散式、集中式、混合式和标准单元组合式。在分散式布局中，门诊部、住院部、医技楼等都分别布置在不同的建筑中，通过廊道系统将各个建筑物连为一体，通常适合建筑用地比较宽裕的场地。集中式布局是将各医疗部分集中布置在高层和裙房中，加强了各部门之间的联系，提高了医疗效率，减少了管线铺设造成的浪费，具有节约用地、建设成本和运营成本较低的优点，但也存在人流过于集中、流线易混乱的缺点。混合式布局即门诊、住院、医技作为建筑单体建设并由连廊等连接组成有分有合的建筑整体。标准单元组合式的布局由于组合灵活可变，常用于需要后期扩建的场地中。

### （二）医疗建筑规划布局形态优化

由于现代医学越来越重视医疗环境对患者心理的作用，医院建筑向分散化发展以获得更好的阳光、空气、绿化等物理环境的趋势，但分散化的布局往往存在流线过长，患者需要来回奔波的问题。另外，规划布局的可持续设计也是规划前瞻性的体现之一，需要为医疗建筑后期的发展备足空间。此外，由于信息化医疗手段的发展使得自助服务人流逐渐变多，在规划布局中可以将其作为独立的一类人流类型进行考虑，如设置专门的自主服务人流出入口等。

## 二、医疗建筑功能空间的设计研究

### （一）医疗建筑功能空间设计要求

医疗建筑一般由医疗部分（含门诊、医技、住院）、医疗后勤部分、行政办公部分和生活服务部分组成，是一个庞大复杂的特殊功能空间系统。

### （二）医疗建筑功能空间中存在的问题

传统医疗建筑功能空间存在以下问题：其一，建筑规模较小，基本功能用房数量与面积不足（如医护人员工作休息空间较少），有限的建筑空间难以达到新功能的设计条件。其二，门诊部平面设计中各楼层、各部位及主次楼梯与通道不合理导致分流不合理、人流量分布不均。其三，诊疗区域候诊空间局促，缺乏缓冲区域，导致人流集中时段诊疗空间拥挤，影响诊疗效率。其四，设备管线敷设的问题，由于部分医疗建筑的建筑层高较低，不利于设备管线布置设计。对于高层医疗建筑而言，由于建筑单层平面面积有限且高度集中，需要设置竖向管线以满足医疗要求。

### （三）医疗建筑功能空间优化设计

医疗建筑在功能空间优化设计中可以重点对以下空间进行优化。

1. 对于门诊部功能空间的优化设计来说，信息技术的应用使门诊楼中某些部门的规模发生改变。例如，设计者借助信息医疗技术，可以在门诊大厅中独立设置自助化服务区域，或者单独设置自助服务厅。

2. 专科门诊可以采用独立式组合。

3. 医技部门、药房、常规化验处可由传统的集中式布局改为分散式布局。同时，在就诊空间的设计上，需要从不同人群的行为规律和心理特征出发，对就诊空间的环境品质和空间尺度等进行优化。

对于住院部空间来说，由于信息化医疗技术的发展，住院部可以实现信息化监护，护士站位置的设置可以更加灵活且集中，不再受传统的床位和距离的限制。此外，在住院部设置医生区，使医患分离，保证医疗效率和医生、患者的建筑环境质量。医生区通常有两种方式，一种是在治疗区域设置值班休息室，便于随时巡视；另一种是单独设置医生区，提高诊疗环境。

### （四）内部医疗功能区空间优化原则

医疗内部功能空间是医疗服务的主要功能区，如门诊中心、急救中心、住院区、医学研究中心、行政办公区等。内部功能区空间结构规划设计越合理，空间资源利用越充分，医疗服务质量就会越高。医疗建筑内部空间环境优化必须坚持整体协调性设计原则、差异化设计原则和人性化设计原则。[①]

---

① 王瑞喆．当代智能居家养老数字模块化空间设计分析［J］．现代营销（经营版），2020（01）：83.

**1. 整体协调性设计原则**

在医疗建筑一级流程的设计中，设计者应根据医疗服务的实际需要将某一服务体系内的相关功能区进行协调配置，尽量让相关科室临近布置，便于提升医疗服务效率，增强服务体系内各科室的配合度。例如，在对肿瘤治疗中心进行功能布局时，设计者需要将肿瘤门诊科、影像检查科、放射治疗科等主要科室进行集中布置，同样住院区、医院行政办公区、医学科研区等也按照类似布局模式进行合理配置，不仅可使医院内部功能结构清晰完整、整体协调，还可为医护人员及患者提供极大便利。

**2. 差异化设计原则**

在医疗建筑二级以及三级流程设计中，设计者应根据医疗服务功能的实际需要，面向不同患者类型设计与之相适应的功能，如老年患者、青少年患者、幼儿患者、残障人士患者等因需求和年龄上的具体差异，对医疗环境的要求各不相同。在进行医疗功能空间设计时，设计者应采用特质设计，尤其要针对不同患者和疾病治疗进行合理设计，如独立布置的危重观察病房、隔离病房、重症监护室等，在空间设计上通常较其他病房要宽敞，能够同时布置更多的功能设施，如国外一些危重患者监护病房，其病房空间面积为一般病房的两倍，内部设计有独立卫生间以及陪护区，病房内部装饰材质、灯光等都进行特殊处理，具有极好的隔音降噪、防尘防撞性能，而且病房顶部还安装有吊载轨道，便于对患者进行日常护理。

**3. 人性化设计原则**

内部功能区设计要体现人性化，设计要有助于降低患者对环境的陌生感和恐惧感，各功能区既要保证基础服务功能，又要尽量将功能区布置得温馨、舒适、轻松一些，让患者在一个良好的环境中接受治疗和康养。在进行内部空间设计时，设计者可以改变以往方方正正的设计模式，改变传统医院以白色为主的设计，病房以及医生就诊室可以偏向家庭生活化设计，增加沙发、装饰件、鲜花绿植、书架等生活家居及物件，降低患者治疗及住院期间的紧张感和不适感。例如，在对医生诊疗室进行设计时，设计者可以在问诊室增加沙发、书柜，摆放鲜花、日历等生活物件，让患者如同在家里接受家庭医生服务一样，不再感到恐慌和紧张。病房设计中，设计者应尽量使用暖色调，增加挂画、设置衣柜、梳妆台、空调、电视等家具，将以往的简易铁床换成时尚、舒适的多功能床，扩大病房空间，提升服务质量。

### （五）医疗建筑外部空间环境优化

**1. 医疗建筑外部形态应兼具实用性和美感**

医疗建筑主要用作医疗服务，设计应首先满足实用功能，但建筑设计作为一门实用性艺术，也需要考虑建筑物的艺术美感。在医疗建筑外形设计和结构构造时，设计方案既不能忽略美感又不能过于夸张，整个医疗建筑需与医院的服务性质和周边环境相协调，要注意体现整体空间美感。如厦门大学附属中山医院在规划设计时，就结合本地自然环境，建筑采用流线型设计与碧海蓝天交相辉映、融为一体，给人一种自然美感。

**2. 医疗建筑设计时应考虑交通环境**

医院作为公共服务机构，保持高效、快捷、及时化服务是其基本要求。为便于患者就医，便于医院救治，便于更好地开展辖区医疗卫生工作，医疗建筑在规划设计时要科学选址，最大化地利用交通条件优势，注意与周边环境的空间布局，扩大自身的服务覆盖范围，成为辖区医疗服务的中心。如四川省总工会成都工人疗养院的规划布局，就充分考虑了自身的区位因素和交通环境，结合交大立交、成彭立交、凤凰立交、川陕立交等交通网络优势，布局在交通干线区域，服务范围覆盖成都成华区的广大区域，发挥着极大的公共服务功能。

## 三、医疗建筑流线调整与设计研究

### （一）医疗建筑流线的特点

医疗建筑流线复杂且众多，其交通流线可分为工作人员流线、患者流线、物品流线三类。其中，工作人员流线可细分为医生流线、护士流线、后勤职工流线等。按照不同病症的病人，患者流线又可细分为一般门诊流线、急诊流线、儿科门诊流线、隔离门诊流线等，它们之间不可交叉混乱，需设置单独出入口。根据物品的清洁程度，物品流线又可细分为洁物流线和污物流线，且两者不可混杂。相比其他复杂流线建筑，医疗建筑具有人员密集、人员活动量大、人员流动性强的特点，根据其流线的特性，在医疗建筑的流线组织上需注意以下几点。

1. 为避免感染的发生，流线上需要做到洁污分流；

2. 为提高就诊效率，需要保证流线的便捷性，各流线需按就诊程序行进，避免迂回；

3. 门诊部的流线根据不同病症的病人按一般门诊、急诊、儿科门诊、隔离门诊分区各自组织，相互之间不可交叉相混，各自有单独的出入口；

4. 门诊部交通空间的布局保证其可达性和交通易识别性以防止人流拥挤，

提高诊疗效率。

### （二）医疗建筑流线组织中存在的问题

一座建筑在物质形态上的成型，远远超出了专业组织的范畴，同时更广泛的社会组织进程的环节与结果。医疗建筑流线组织中存在的问题主要体现在以下几个方面。

1. 建筑师在进行流线设计时未考虑不同使用人群的需要，未体现人文关怀。

2. 垂直交通候梯时间长。高层的医疗建筑需要在设置垂直交通系统高效组织人流、物流。为了较快到达位于各个楼层的诊室，乘坐电梯是最佳选择，然而现有医疗建筑普遍存在候梯时间过长，电梯配置不合理。已有调查结果显示，平均候梯时间控制在 1 分钟内的医院只有不到 7%，可见目前医疗建筑的电梯配置状况极不乐观。

3. 医疗建筑由于就诊量大等原因，人流量较大且流线混杂。以候梯厅为例，部分医疗建筑的候梯厅为客用电梯、医用电梯和货用电梯共用的模式，导致医护人员、患者、后勤人员和陪护者等不同人流相互混杂，过大的人流量导致候梯厅十分拥挤局促。

### （三）医疗建筑流线的优化设计

1. 医疗建筑的流线组织应做好三级分流流线设计，即广场分流、大厅分流、候诊厅分流。其中，广场分流即一般门诊、儿科门诊、急诊门诊、隔离门诊的出入口有与集散广场直接联系的出入口，且目标醒目，引导各病症病人能够进入各专用的出入口。大厅分流即通过分厅式分流的方法使不同的患者从不同的入口进入，有效防止单一门厅分流导致的人流交叉，不利于疏散的问题。候诊厅分流依据患者的候诊流程，可以分为结合中庭、广场进行设计的一次候诊空间和利用各个科室的走廊空间进行设计的二次候诊空间，从而保证候诊空间拥有较好的环境质量。

2. 在门诊科室的布局上，人流量较大的科室设置与中庭或流线的交叉点，可缩短患者平均运动距离，并便于患者寻找；人流量较小的科室设置在流线的尽端。每个主要的科室在布局上应尽量各自独处一端，以免被其他就诊流线穿行。

3. 在垂直交通系统的布置上，需将电梯以电梯组的形式集中布置在平面的交通节点处，同时配备供不同类型人流使用的电梯厅，如医用电梯和客用电梯，以避免竖向交通流线的混杂。

此外，设计者还可通过优化就诊和依赖医疗流程，将患者进一步分流，分区就诊，简化就诊流程，减少流线拥堵。

医疗建筑是重要的医疗服务场所，其设计和规划关系到医院公共服务功能的有效发挥，关系到人民群众的切身利益。因此，设计者需要对其内外空间环境进行科学优化。

## 第三节 交通建筑空间布局优化设计研究

汽车客运站、铁路客运站、港口客运站、航空港、轨道交通站和机场航站楼等类型的建筑都属于交通建筑。

### 一、交通建筑规划布局的设计研究

#### （一）交通建筑规划布局要求

根据不同交通建筑的客流集散特征和它们在城市空间的位置及其土地开发现状等特点，对交通建筑的规划开发可以分为三种类型：交通导向型、商业导向型和居住导向型。设计师可以在规划布局的起始阶段确定相应合适的开发导向，并根据开发的特点进行相应规划。

交通导向型的规划布置是以公共交通为主的设计策略模式，通常是以交通建筑为中心，在规划区域范围内综合其他功能建筑进行规划布局。为了满足交通要求，规划布局中需综合处理好不同交通方式的流线关系。商业导向型的规划布置是基于交通建筑主体建成包含多种城市功能的商业综合体的布局方式。为了给城市增加经济收益，在符合安全快速疏散的前提条件下，商业导向型的规划布置应适宜地利用轨道交通的客流。居住导向型的规划布置是指以居住区开发为主的交通建筑。目前实施的案例中大部分是商业和居住功能融入客运站的设计模式，其优点在于可以在最大限度上将大量人流转化为商业收益，缺点在于，商业和交通区域的噪声会干扰居住区内人们的正常生活。

#### （二）交通建筑布局形态优化

交通建筑的规划布局形态可以分为三种：平面串联式、立体层叠式和综合开发式。下面将以铁路客运站为例，阐述三种规划布局形态的特点及要求。

平面串联式的交通建筑规划布局通常为客运站、铁路线路和站前广场串联式平面布局模式。为减少对人们正常生活的干扰，客运站布置通常在站前广场与铁路线路之间，朝向城市方向但与城市有一定距离。城市道路交通系统需与站前广场有机组织，这种布置方式路径较明晰，对旅客的导向性较好，但存在布局较狭长、各建筑功能之间联系较弱、疏散能力有限的问题，适用于容积率较低、地价也较低或用于初级开发的交通建筑项目。

立体层叠式可以提升不同换乘方式之间转换效率，铁路客运站、铁路线路、站前广场分层布置，以解决交通组织困难和城市土地利用的问题。立体层叠式的布局方式通常是将铁路客运站、站前广场、铁路线路三者分层布置，利用垂直空间组织交通流线，提高交通效率和换乘便利性，并在一定程度上缩短步行距离、改善步行环境。

综合开发式是将铁路客运站结合城市道路、城市轨道交通、公路、航空、水路等交通方式建设成综合交通枢纽。为了适应不同方向、不同交通方式的大流量人流的换乘需要，应通过立体化、综合化的布局集中组织流线。

## 二、交通建筑功能空间组合的原则

### （一）空间组合灵活性功能

建筑空间的组合与设计必须是灵活的、多样的，这样也是保证建筑有效便捷的使用途径，保证建筑使用过程中的稳定性，满足一个长久的使用需求。因为不灵活的建筑空间设计，只会给人们的使用带来诸多的不便，也就容易遭到一些不必要的破坏。同时空间的灵活性设计，必须要根据空间使用的不同人群，以及施工人员的不同，灵活的改变，这样在进行设计和建造时才能够更好地提高建筑的实用性；通过不同的间断，分隔设计，也就能够产生出一定的界限，提高建筑的作用，这在交通建筑中的作用也是非常有效的。

### （二）整体设计经济性原则

建筑的空间设计也需要考虑建筑的整体性的。因为建筑设计中处处体现着经济性，经济性可以作用到建筑的各个方面，也就能够改变建筑的特性。由于多样经济性的存在，导致建筑有可能出现空间上的分散现象，影响到建筑的整体性，影响到建筑的节能使用效果。空间的整体性较差，建筑的结构紧密性就不好，建筑的使用就会导致种种不便，比如，采光不好、隔热不好、通风不好、照明难设计的问题。

### （三）以人为本原则

建筑的设计本就是为人服务的，不管是交通建筑也好，还是不同的工民建筑也好，建筑的设计都需要坚持“以人为本”的原则，进行建筑设计不仅仅是简单地满足“遮风避雨”，更多的是应该发挥出建筑的价值，要能够适应人的居住，更加宜居，更加舒适，能够为人带去更多的舒适性和价值。

### （四）绿色环保原则

绿色环保的设计理念近年来开始越来越多地被运用到我们的建筑设计中，由于生态环境的恶化，所以我们如今的建筑设计都要开始考虑绿色和环保的设计。尤其是现在城市人口数量增长的趋势是非常惊人的，导致在巨大人口压力下，建筑设计工作要考虑绿地面积不断减少，要更多地关注人在建筑中的健康状况，要对人的健康有益。

## 三、交通建筑功能空间的设计研究

### （一）交通建筑功能空间设计要求

交通建筑的功能空间可以分为公共区、设备区、办公区三类，又可细分为集散厅、候车区、售票用房、行李包裹用房、商业区、旅客休息区、交通空间等。交通建筑内功能空间的布局模式、出入口的位置等设计要素决定了枢纽内的客流的流向、人流的密集程度以及人流的交叉可能性。

在交通建筑的功能空间设计需注意以下几点。其一，为了使不同方向的人流路径流畅，应在人流密集的路口交汇处留有足够的缓冲空间，保证各交汇处的通畅，减少旅客流的重叠，使流线尽可能地简化。其二，功能区应分散布置，防止布局过于集中，造成疏散困难的问题。其三，中央大厅作为主要的流线组织空间，应布置在最接近站前广场的中心部位，并设置多个出入口，可以方便旅客进出，且出入口位置应依据客流来源就近布置。其四，候车厅不应设计成套间或袋形空间，不利于疏散。此外，需依据不同交通方式的客流量设置出入口及交通空间的宽度，减少旅客等待时间，易于人流疏散。

### （二）交通建筑功能空间优化设计

首先，根据交通建筑的类型和建筑规模，应选择布局明晰的平面形式，如易于识别的几何结构，便于人员的疏散。其次，站内步行空间需要从人性化的角度进行设计。如增加遮风挡雨设施、减少步行距离等提升步行行为环境。

## 四、交通建筑流线调整与设计研究

### （一）交通建筑流线的特点

交通建筑的流线具有多向性、混合性、集散性、确定性的特点，各流线应短捷并严格分开。以铁路客运站为例，流线可分为旅客流线、行包流线、车辆流线。根据旅客行进的方向，旅客流线又可分为进站流线和出站流线。

### （二）交通建筑流线组织中存在的问题

交通建筑在流线组织上存在以下问题。其一，人流疏散问题。交通建筑由于人流量较大、流线复杂、建筑空间尺度大、乘客对内部空间布置的陌生感等原因，容易发生人员疏散困难等问题。且部分交通建筑位于地下，存在空间受限，向地面疏散困难的情况。其二，多种交通方式混杂的问题。交通建筑因其功能特性往往集合了多种不同的交通方式和交通流线。如何组织好除了人流之外的其他各类交通运输工具的流线，使其互不干扰、易于分流，又能短捷快速、提高交通便利性，这是不同于其他复杂流线建筑的特点和问题。

### （三）交通建筑流线的优化设计

交通建筑的流线优化可从以下几方面入手：一是应以旅客流线为主导，减少旅客进出站和换乘的步行距离；二是对于外部流线来说，人流、车流不得交叉，各种不同类型的交通流线应避免冲突，过境交通不得穿越广场；三是进出站流线应在平面上或空间中分开布置。

总之，今天的地铁空间、轨道交通设计以至交通建筑这一建筑设计门类，已经不能简单停留在满足规范要求与基础服务功能这一层面了，在进行交通建筑设计的过程中，要使设计更加合理美观，需要做好空间设计，使建筑实现空间的合理组合和利用，并且必须更多地鼓励设计者创造出体现地域性，表达城市精神、社区目标的设计作品，就好像一个新的车站设计极有可能成为城市核心中重要的组成部分一样，必须更加强调文化的介入和创新的探索，满足运营者和使用者双方的要求。

## 第四节　商业建筑空间布局优化设计研究

现代研究发现，在消费者的购物过程中，公共空间的布局及其景观变化等，都对消费体验产生直接的影响。同时，商业建筑物的核心为商业，这也决定在空间布局上，应该尽可能地提高空间的使用效率，达到应有的经济目的。所以相关人员在未来工作中需要进一步了解商业建筑公共空间的设计思路与方法，为商业建筑物功能的实现奠定基础。

## 一、商业建筑规划布局的设计研究

### （一）商业建筑规划布局要求

商业建筑的总体布局就是将商业建筑的平面形式、空间导向、功能业态、人流组织等设计要素有机地组合在一起。合理的布局不仅可以在商业上取得良好收益，而且还可以使购物者拥有愉悦的购物体验。因此在设计中应合理的组织规划布局形态与商业空间的关系，组建活泼、新颖的布局模式。

### （二）商业建筑规划布局形态优化

下沉广场是地面广场和商业空间的交汇点，为了吸引更多的潜在人流进入地面及地下的商业空间，可以采用以下设计手段丰富外部空间，增加人性化的交通要素，如设置坡道、自动扶梯等；在商业入口空间和下沉广场之间设置灰空间等过渡空间；通过合理布置景观要素创造可停留空间等。

商业空间规划中如果有条件可以以地下停车方式为主，如有需要，可以布置地面停车作为一种临时式的停车方式。地面停车区域应依照非机动车和机动车进行区分，方便管理。为节约用地，停车区域应紧靠车辆流线布置。另外，地面停车区域应避免设置在商业出入口空间附近，同时可结合景观要素一体化设计，最大限度地减少对视线的干扰。

## 二、商业建筑功能空间的设计研究

### （一）商业建筑功能空间设计要求

商业空间通常具有高密度、集约性、功能复合性、土地使用均衡性等空间特征。商业建筑的功能空间可分为公共空间、实用功能空间、后勤辅助空间三类。

### （二）商业建筑功能空间优化设计

商业建筑在功能空间布局时可采用花洒型布局，即把如影院、餐厅等高体验性的业态空间布置在顶层，或半边型布局，即把高体验性的业态空间布置在每层商业空间的单侧，重新划分功能空间的组织形态，以此均衡客流，改善整体商业功能空间的体验性和利益最大化。

## 三、商业建筑流线调整与设计研究

### （一）商业建筑流线的特点

商业空间是人在其中进行活动、消费、享受的载体，与其他复杂流线建筑相比不同的是，主要目的之一是吸引更多的人流和增加人流停留的时间，以激励人流参与各种各样的商业活动，获得最大的商业价值。

对于外部交通流线来说，商业建筑外部交通流线可以分为人流和车流两大类。其中，车流可以分为顾客车辆流线、服务车辆流线和消防流线。人流可以分为顾客人流和服务人流。在规划车流时，除了不同类型的车流不得交叉外，应做到顾客车辆流线具有导向性、服务车辆流线尽量隐蔽、消防流线尽量设置成简洁的环线。顾客流线可按照不同业态类型的人流进行分流，避免拥堵，服务流线尽量短捷，减少对商业外部空间的干扰同时提供服务人流的效率。

对于内部交通流线来说，商业空间的内部流线可分为公共流线、功能流线、后勤辅助流线。公共流线起到集散、分流多种流线的作用，如门厅、中庭、商业步行街等。实用功能流线主要是指各种目的性功能流线的人流，是整个内部流线中最重要的一部分。依据商业空间需要诱发商业活动的特点，在功能流线的设计中，需要多设计目的性的功能流线，尽量减少无目的性的随机性的活动，增加商业空间的盈利性。后勤辅助流线则是服务于后勤人员如仓储空间。

此外，还需要注意内外部流线的连续性。为了吸引人流，使人流能流畅地进入商业空间内部，设计者需要设置富有连续性的流线空间。因此，设计者需要考虑流线从外部空间进入过渡空间后在内部空间的整个组织是否丰富顺畅。通常，理想的商业流线组织能自然地将开展于外部的商业活动引入商业建筑内部，内外部流线连贯自如。

### （二）商业建筑流线组织中存在的问题

#### 1. 流线空间缺乏导向性

现有商业空间的流线设计常常忽略人在行动时的体验性和心理需求，因此可能错失诱发商业活动的机会。而具有导向性的空间可以在心理上引导人们向着某个预定的空间活动，从而增加进入商业建筑内部的流量。

#### 2. 交通空间设计不合理

现有商业交通空间设置不均匀，导致人流分布过于密集或分散，影响建筑疏散效率，不利于商业活动的产生。

### （三）商业建筑流线的优化设计

商业建筑流线的优化可以从以下方面入手：

1. 通过水平和立体的流线设计创造具有导向性的流线空间：如通过广场、绿化、台阶、灯光带等外部环境要素的组合，营造序列感，强化限定入口空间等。

2. 可以创造一些形态不同的中庭空间作为流线的节点空间，改变人流的路径方向，更好地引导顾客，满足不同顾客的心理需求。

3. 可以通过文式图解的表达方式，初步检验交通空间在商业建筑中的密集程度和数量配置是否合理。此外，设计者也可以通过元球算法，提炼各个交通空间的重心位置，计算其服务能力和范围，根据交通面积、交通方式及可联系的楼层数目的差异进行加权处理，综合评定不同交通空间的三维能量，并以此作为依据对其流线的组织和交通盒的位置等进行优化。在商业建筑物内部空间设计中，设计人员必须详细了解建筑物本身所具有的特征，并根据内部空间的定义情况，从消费者的需求出发，对空间的结构做出调整，更好地适应未来商业活动需求。

# 第六章
# 实际项目空间布局的智能优化设计与实践——以法院建筑为例

## 第一节　空间布局智能优化方法与法院建筑优化设计契合研究

### 一、空间布局智能优化方法的介入和深度定位

智能优化方法在建筑设计中的应用包含多个方面，如空间布局设计智能优化、空间界面智能优化、空间性能智能优化等。本书主要侧重空间布局设计的智能优化方法研究，即基于智能优化算法建立法院建筑流线组织和功能模块关系的参数化模型，依据相关的建筑设计理论建立与流线组织引导相关的优化目标，搜索空间布局的优化方法。通过智能优化方法辅助法院建筑空间布局优化设计，建筑设计中的感性设计要求将更易于建筑师把握，理性推导过程将更加高效科学。

通常建筑设计流程可分为建筑策划阶段、概念设计阶段、方案生成阶段和方案评价优化阶段，而空间布局设计智能优化可以用于后三个阶段。本研究主要针对已有建筑平面进行的智能优化，处于方案评价优化阶段。

在许多设计领域均会涉及可量化的主观目标、偏好和限制的问题。这些主观方面的因素在建筑设计中非常重要，但由于它们难以用数学建模，通常在传统优化模型中被忽略。本研究采用基于人机交互的智能优化方法，优化算法模型与人类决策的整合，设计者不仅能够在建筑平面空间布局设计中使用计算优化算法量化主观因素，还能在接收视觉信息和计算机量化信息的同时快速地定义优化问题和方向，探索解决方案的替代并进行权衡反馈。

### 二、法院建筑空间布局优化设计方法的重点

法院建筑的功能流线组织和其他类型建筑的功能组织一样具有内在逻辑性。在流线组织导向下，基于建筑学视角，我们可以将法院建筑优化设计方法的重点总结为以下几点：一是流线组织的合理规划问题，即不同人员的动线、物资的动

线等需要相对分隔的动线；二是功能空间的统筹安排问题，即各种功能联系的紧密程度、功能的区域划分、功能的隔离要求等；三是建筑中一些非知觉的空间布局特征，可以为智能优化中优化规则的制定带来帮助。

### （一）流线组织的合理规划

在法院建筑空间设计优化中，由于功能和流线相当复杂，不同流线的组成和组织模式在很大程度上决定了法院的空间布局形式。依据流线的功能特点和服务性质分为人流、物流和信息流。其中，对功能关系起着主要支配作用的是种类最多、流量最大、流程最复杂、频率最高的人流部分。法院建筑的人流可分为六种：法官人流、当事人人流、公众人流、办公人流、律师人流、羁押人流。由于每个法院各自的人力资源和案件类型的不同会形成审理人群的不同倾向，根据法院的这种个体建筑差异，设计者可以对法院建筑的流线组织中的流量分配和空间划分的功能配比进行对应的优化，以更好地满足使用需求。如依据法院审理案件类型的比例统计估算法院建筑中六种不同类型人流的流量，作为权重值对不同类型人流的流线总长度进行优化。

### （二）功能空间的统筹安排

功能空间的统筹安排是法院建筑空间布局中的重要内容，包含了对各层平面的建筑规模、功能分区、用地条件等设计要素的协调整合。目前，为了保证法院的工作效率，建筑规模大、功能复杂的法院建筑往往由一个或多个单体建筑组合而非一个建筑群组来解决各种功能空间。此外，由于实际中紧张的用地条件十分普遍，为了满足功能需求，法院建筑不得不向高层发展而难以发展成多样的布局形式。这需要建筑师能够把建筑设计语言转译为计算机数字语言，通过智能优化算法搜索计算，以获得更加合理高效的组织建筑单体的布局方式。

### （三）非知觉的空间布局的特征

除了以上法院建筑空间优化分析特征外，建筑的空间布局优化问题还有以下空间特征。

1. 建筑空间平面大多由矩形构成，因此可以将房间、交通等空间布局要素对应成各个矩形处理。

2. 与功能气泡图相似，可以把建筑空间的拓扑关系转化为树形结构图进行分析表达，以反映空间的连通性、关联度等空间关系。气泡图可用于展示三个变量之间的关系，与散点图类似，绘制时将一个变量放在横轴，另一个变量放在纵轴，第三个变量则用气泡的大小来表示。

3. 建筑空间布局的局部尺寸通常具有一定的不确定性，即平面的局部比例和尺寸可以依据设计条件，根据实际情况在一定波动范围内进行改变。

# 第二节 项目概况和优化设计研究目标

## 一、项目基本概况

铜陵市义安区人民法院工程位于铜陵检察院北侧，占地 12178 平方米。北侧新华西路为城市主干道，东侧新二路为城支路，地下一层，面积控制在 4000 平方米左右，属高层公共建筑，耐火等级为一级，地下室耐火等级为一级，建筑主体结构为钢框架结构。建筑呈矩形平面，法院主入口结合主轴线设在西侧，办公入口设置在北侧。法院审议、审判、公众流线平行并置，各自成区，刑事法庭相对民事法庭位于两侧。底层形成综合的服务大厅。基地西侧为主入口面，结合广场、绿化等，统一设计。内部入口位于基地北面。地下层为机动车停车库和配套设备用房。首层西侧为立案大厅，东侧设有诉讼大厅，其余为等候、接待空间。二层至四层为法庭审判用房，其余为档案存放、听证空间。五至七层为办公用房和警务用房。屋面层设置机房设备区，结合布置太阳能光伏电池等系统。

在满足法院特殊功能的前提下，工程方案对不同使用空间采用不同表现形式的设计方法，保证办公、审判区相对安静与私密的同时，让公众区更加的开放与透明，展现了现代、透明、公正的新型法院形象。

该项目人流主要有公众人流、法官及内部人流两种，在交通组织设计上严格执行公众当事人、内部法官两股人流严格分开的原则。公众当事人由建筑北入口进入二层公众大厅，通过独立设置的大楼梯和电梯分别到达各个法庭用房，与法官区完全分开。法官由建筑南入口进入一层入口大厅，经由电梯到达各层的法官业务用房，法官通过法官专用通道进入各法庭用房，不与公众交叉。

## 二、图纸的选定

从铜陵市义安区人民法院建筑图纸中选取了建筑一层的平面图作为分析与智能优化的对象，原因主要在于建筑首层具有疏导不同人流的作用，有多个入口用于防止人流的交叉，如公众入口、办公入口、法官入口等。另外，建筑首层的空间布局也往往对其他层的布置有着重要的影响。因此，本书试图通过分析并优化首层平面，对中小型法院建筑空间布局的智能优化做出实践。

### 三、优化设计研究目标

建筑布局是需要大量专业知识积累和大量时间的迭代试错过程而产生的结果。对于复杂人流的建筑，由于设计因素的数量增加，空间规划变得烦琐，这使得应用相关的量化分析方法和使用特定软件变得更加合理和实用。①

对于法院建筑来说，开展法务工作是法院建筑的重要功能之一。无论是对公众还是对于法务工作者而言，理想化的法院建筑能让建筑使用者在相对最短的时间和空间距离中完成相关法务工作任务。一个合理的法院建筑流线组织和功能布局能够最大限度地节约法务工作者的体力消耗，进而提高法务工作的效率。

在当前的法院建筑流线组织模式中，严苛的流线秩序规则加上严肃的建筑空间样式使得法院空间较其他类型建筑而言显得相对封闭固化。比如，如果当事人要参加庭审则必须要按照司法程序分别在法院广场、立案大厅、当事人接待室、相关功能用房、礼仪大厅、候审大厅、法庭完成手续，法院流线组织与空间布局设计也反映了这一活动顺序。虽然严格的流线秩序能够使不同类型的人群依照司法流程和流线秩序各自完成“正确”的事情，但也导致不同类型的人群难以获得相对自由的活动空间，如难以利用在信访大厅中排队等待的时间，使得法院空间容易存在流线单调、效率低下的问题，也使得法院建筑空间不够亲民开放，不够大众化、人性化。

因此，对于法院平面的优化问题，我们可以提高流线效率为优化目标，使空间具有最紧密的连接性和最普遍的可达性，进而减少不同人流的路径长度，来保证空间之间的不同人群可以更高效运动，从而提高审判工作效率。

## 第三节　实践项目优化设计研究方法

针对以上优化设计研究目标，需要从中找出适宜的、可行的研究方法对实际项目优化设计进行操作实践。通常整个智能优化研究方法流程分为三步：首先提炼相关的建筑要素，如功能气泡图等以进行建筑原型的拓扑关系分析；其次在拓扑关系的基础上将几何变量关系数理化；最后使用适宜的智能优化算法基于已建

---

① 吕达．基于物联网的智能物联空间设计［J］．南方农机，2019，50（18）：145.

立的拓扑几何模型完成的优化搜索计算。

针对实际项目的情况，本书采用空间句法、寻路算法和多目标优化算法三种核心方法，并制定相关的量化优化目标和优化规则，将在下面的内容中展开讨论。

## 一、空间句法

空间句法研究开始于20世纪70年代末期，由Hillier教授和他领导的研究小组开创，借用语言学上的一个术语，即句法来表示空间之间的关系。空间句法是对空间本身的研究，可以有效地，以量化的方式揭示空间的结构，进而揭示空间组织与人类活动之间的关系。空间句法的主要研究对象是空间构型。构型是一组相互独立的关系系统，且其中每一关系都决定于其他所有的关系。空间句法是关于空间与社会的一系列理论和技术，其核心观点是，空间不是社会经济活动的背景，而是社会经济活动开展的一部分。空间句法理论作为一种新的描述建筑与城市空间模式的语言，其基本思想是对空间进行尺度划分和空间分割，分析其复杂的关系。空间句法中所指的空间，不仅是欧氏几何所描述的可用数学方法来测量的对象，而且描述空间之间的拓扑、几何、实际距离等关系，它不仅关注局部的空间可达性，而且强调整体的空间通达性和关联性。

为了确保空间具有最紧密的连接和最普遍的可达性，我们有必要量化连接性和可达性。在本次优化设计研究中，我们在空间句法理论中选择了“Integration值”和“Entropy值”的概念来定量描述连通性和可达性。空间句法理论作为一种建筑理论发起的，旨在解释空间结构对社会功能的意义理论。虽然它主要用于城市分析，但仍然是一种建筑理论，其基本的例子是建筑学。简单来说，空间句法理论主要关注空间单元在建筑物和建筑环境中如何相互关联。

Integration值是一种描述中心性的指标，表明空间的私密或公共的程度。空间的Integration值越高，它与构形内其他节点联系的紧密程度越高，空间的公共性越强。空间句法的Entropy值是描述空间位置分布的指标，它与空间的Depth值不是空间本身的深度。直观来说，Entropy值越高，从该空间到达其他空间越困难，反之亦然。因此，我们可以通过求Integration的最大值和Entropy的最小值，使空间具有最紧密的连接性和最普遍的可达性。如今，空间语法工具相对成熟，如Depthmap，Confeego等工具已被广泛使用。本书通过基于Grasshopper参数化平台的Spacesyntax工具进行Integration值和Entropy值的分析。

## 二、寻路算法

为了提高交通效率，本书试图通过优化各人群的交通路径长度和的方式，涉及寻路算法与最短路径的问题。最短路径的寻找是经典的算法问题之一，旨在寻找由节点和边组成的图中两结点之间的最短路径。本章采用的是基于 A＊算法的 A star Path Finder 插件进行研究计算。

A＊算法作为寻路算法的一种代表算法，可以解决建筑平面布局中的寻径问题，进而为平面布局优化提供参考。A＊算法基本上是在基于被称为“节点”的格网中工作，每次算法都会搜索相邻节点并根据关键函数 F（n）＝G（n）＋H（n）来评估节点，其中 G（n）是从起始节点移动到给定节点 n 的移动成本，H（n）是从节点 n 移动到最终目的地的估计移动成本。从初始节点开始，每一个节点都通过搜索相邻节点的最小 F（n）值后再进入下一个节点的搜索，直至到达目的地，生成路径。

基于 A＊算法和一些示例代码，我们使用插件 Adstar Path Finder。在该插件中，障碍物的空间会被细分为栅格点，并作为 A＊算法的“节点”，同时，与障碍物碰撞的栅格点会被定义为不可行走的。它只需要设置起点，目标点和障碍物便能自主寻路。因此，我们可以将功能组团空间看作障碍物，根据不同流线人群的功能序列设定起始点和终点，然后运行程序模拟每一种人流的运动路径并获得结果。

## 三、多目标优化算法

本书需要对平面的 Integration 值和 Entropy 值以及各流线的路径长度和进行优化，即同时有两个或两个以上的优化目标函数，属于多目标优化问题，因此需采用多目标优化方法。

在多目标优化问题中，各分目标函数的最优解往往是互相独立的，很难同时实现最优。在分目标函数之间甚至还会出现完全对立的情况，即某一个分目标函数的最优解是另一个分目标函数的劣解。求解多目标优化问题的关键，是在决策空间中寻求一个最优解的集合，需要在各分目标函数的最优解之间进行协调和权衡，以使各分目标函数尽可能达到近似最优。多目标优化问题不存在唯一的全局最优解，而是要寻找最终解。得到最终解需要通过各种算法实现，如进化算法、模拟退化算法、蚁群算法、粒子群算法和遗传算法等。由于各种算法存在应用领域的差异和自身缺陷，人们也提出了一些改进算法和组合算法。

本章运用的是基于多目标遗传算法的 Octopus 插件。Octopus 运算器，除了同其他 Grasshopper 运算器一样需要连接数据流外，还需要对一些寻优参数进行设置，如精英比例（Elitism）、突变概率（Mut. Probability）、突变比例（Mutation Ratio）、交叉概率（Crossover Rate）、种群大小（Population Size）、最大迭代次数（Max. Generations）等。Octopus 插件中所搭载的寻优算法包括 SPEA-Ⅱ和 HpyE 两种，变异算法包含 Polynomial、Alt. Polyn、HpyE 三种。在寻优算法与变异算法的搭配上，HpyE 与 HpyE，HpyE 与 Polynomial，SPEA-Ⅱ与 Polynomial 这三种搭配方式相对计算性能较好，最优解占比和收敛性较高。本次优化实践主要采用了 HpyE 寻优算法与 HpyE 变异算法进行计算，运算器会将每一个解以一个小立方体的形式展示，红色为精英解，且颜色透明度越高则代数越老，并根据计算结果，在 Pareto 最优解集中选取最优解进行下一步调整。

## 四、优化目标与规则

### （一）优化目标

为了使空间具有最紧密的连接性和最普遍的可达性，同时提高空间的交通效率优化人流的最短路径。将以上感性优化目标进行量化分析后，本次优化设计实践的优化目标主要有两个：一个是对空间布局的总 Integration 值的最大值和总 Entropy 值的最小值进行多目标优化；另一个是将不同人群的流量大小作为权重对加权后的总人流路径长度的最小值进行优化。

### （二）规则制定

为了避免大多数无效的随机尝试，我们将引入一些优化规则引导优化的进程方向以得到理想结果。

1. 保持功能组团面积的规则。不同功能组团通常由于功能差异而有不同的面积需求，在优化过程中需保持各功能组团与已有设计任务书要求（或优化前原有设计方案）的面积相等。

2. 保持功能组团间拓扑关系的规则。由于是针对已有法院方案进行的空间优化，提炼并保持现有法院空间拓扑关系能较好地保证优化后的平面布局在空间组织上具有可行性。

3. 保证功能组团之间互不重叠，且保证功能组团位置处于基地内的规则。

为了满足基本的建筑设计规则以获得有效的设计优化方案，功能组团之间不能重叠且不得超出基地范围。

## 第四节 实践项目优化设计过程

经过前文分析，我们得到了可以解决以法院建筑为代表的复杂流线建筑的平面优化问题的优化规则。结合铜陵市义安区人民法院建筑的具体设计需求，我们可以通过以下四个与优化规则一一对应的步骤完成平面优化设计方案。实践项目智能优化方法流程的示意图包含四个主要步骤：第一步，信息置入；第二步，依据空间句法，优化空间的连接性和可达性；第三步，依据 A * 算法优化不同人流的最短路径；最后，比较并评价优化结果。

依据不同的优化目标，优化流程可以分为两个阶段。首先是以空间总 Integration 值的最大值和空间总 Entropy 值的最小值为量化的优化目标，结合空间句法和多目标遗传算法进行优化计算，优化输出结果为不同功能组团的重心位置；然后是以不同类型人流长度的最小值为目标，结合寻路算法和多目标遗传算法进行优化计算，优化输出结果为不同功能组团的长度值和宽度值。依据计算输出的不同功能组团的重心位置以及长度值和宽度值即可得到优化后的空间布局方案。

### 一、信息置入

为了将原有的工程技术图纸转译为参数化模型，我们需要将原有图纸简化处理，从中提取一些有价值的数据信息置入优化模型。以原有的一层平面图为例，依据图纸信息和设计任务书，我们从中提取了功能组团的重心坐标位置，同时，统计并列举了一层建筑平面的功能组团面积值。依据前文中对空间拓扑关系的研究和对法院建筑空间布局和流线组织设计的分析，我们可以用不同颜色的矩形块代表不同的功能组团空间，用矩形重心之间的连线代表功能组团之间的邻接关系，可得到一层平面图的平面拓扑关系图解（图 6-2）。图 6-1 是原始平面图简化处理后的一层平面图。

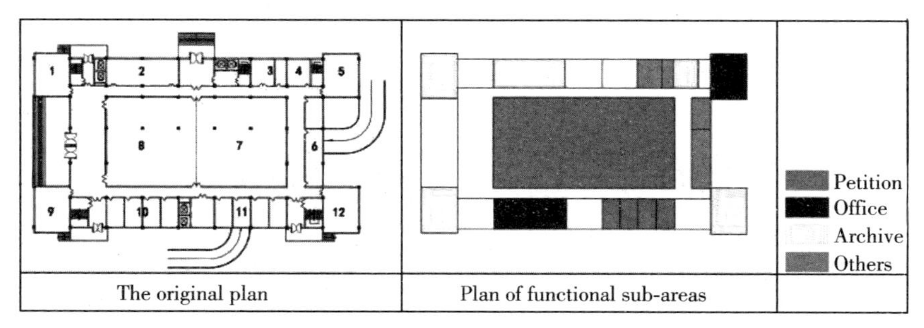


图 6-1　信息置入（处理后的一层平面图）

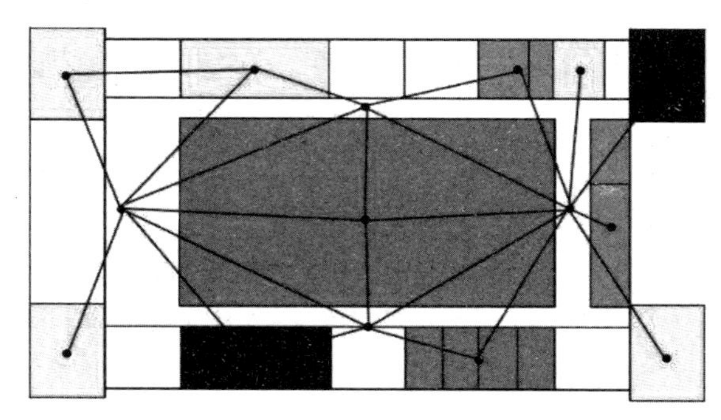

图 6-2　一层建筑平面图的平面拓扑关系图解

## 二、依据空间句法优化空间的连接性和可达性

通过引入空间句法中的 Integration 值和 Entropy 值，我们完成了对空间连接性和可达性的量化。为了使空间具有最紧密的连接性和最普遍的可达性，我们在 Grasshopper 平台中利用 Octopus 工具对总 Integration 值和总 Entropy 值进行多目标优化。

以一层平面的布局优化为例，根据原有设计图纸和任务书要求，在本法院建筑项目一层平面设计布局中共包含了四种建筑功能组团，分别为信访、档案、办公、其他。通过提取原有设计图纸中功能组团的重心位置坐标和邻接关系，结合 Spacesyntax 工具可以获得相关的 Integration 值和 Entropy 值。进而，可以在 Grasshopper 平台中编写程序，计算出以 Integration 值为权重的功能组团之间的相互距离之和，即为空间的总连接值。类似地，空间的总 Entropy 值也能在 Grasshopper 平台中计算得到。

接下来我们将总 Integration 值和总 Entropy 值作为适应值，将总 Integration 值和总 Entropy 值作为目标值，通过 Octopus 工具对其进行多目标优化（在

Octopus 运算器中，红色箭头指向参数，绿色箭头指向目标值)。经过 95 代的计算，试验逐渐达到稳定状态。选取其中第 3、11、35、95 代空间解群计算结果，可以发现种群个体由最初的无序离散状态逐渐趋近一条帕累托曲线聚集收敛。我们可以从精英解集中选取合适的解进行下一步优化，此时可获得对应的功能组团重心位置与长宽值，得到优化后的功能组团位置保证了空间拥有最大的总 Integration 值和最小的总 Entropy 值，即空间具有最紧密的连接性和最普遍的可达性。随后，将优化得到的功能组团重心位置，通过 Rhino 中的 Flow Along Surface 操作投影到新的平面中，即完成了功能组团的位置的优化。

## 三、依据 A＊算法优化不同人流的最短路径

获得优化后的不同功能组团的位置信息后，我们可以对不同类型的人群活动与路径长度进行模拟。本书使用了基于 A＊算法的 AstarPathFinder 工具。首先，通过调研数据统计整理使用该法院建筑的相关不同类型人群的数量规模。然后，依据不同人群的数量比例生成相应比例的不同人群单元个体代表，并根据单元个体所携带的不同功能序列信息将不同的单元个体从不同入口位置送入空间中。单元个体在进入空间后，将在满足功能序列要求的前提下，根据携带的功能序列信息依次选择其中所对应的功能组团并运动。依据任务书和原有设计图纸的面积指标要求，在功能组团面积和重心不变的情况下，通过改变功能组团的长度值和宽度值，把变化的功能组团作为障碍物，以此模拟出不同的路径。与此同时，在 Grasshopper 中编写程序，将不同人群的流量大小作为权重，计算加权后的人群路径总长度，并使用 Octopus 运算器对其最小值进行优化，经过多步迭代得到不同的优化结果。我们可以从中选取符合设计要求的合适的精英解进行下一步的深化。

# 结束语

在建筑业飞速发展和进步的信息化时代，为实现效益的最大化，现代智能建筑设计师们在进行智能建筑的内部空间设计时，应以现代化的先进建筑设计理念为指导，强化硬件设施与软件要求在建筑工程中的统领地位，并最终取得智能化建筑设计上发生质的飞跃。智能建筑设计人员首先要对其具体的专业需求进行自我充电，提升自身的技术水平与道德水平，对建筑设计各部分进行规划，合理分配与组织，对整体进行把握。此外，设计人员在对我国国情有了深入了解与分析的基础上，与实际的建筑工程相结合，体现出建筑工程的特色，满足各类型住户的多样化需求。

# 参考文献


[1] 余涛，余彬．智能空间［M］．杭州：浙江工商大学出版社，2011.

[2] 张德干，班晓娟，郝先臣．移动多媒体技术及其应用［M］．北京：国防工业出版社，2006.

[3] 刘鸿飞，魏智慧．计算机网络与移动计算技术．［M］．成都：电子科技大学出版社，2016.

[4] 孙佩娟，谭呈祥．计算机网络与移动计算技术．［M］．成都：电子科技大学出版社，2018.

[5] 张德干．移动计算．［M］．北京：科学出版社，2009.

[6] 董君．城市语义网络城市设计策划新方法．［M］．北京：中国建筑工业出版社，2017.

[7] 住房和城乡建设部，国家发展和改革委员会．建设标准汇编．［M］．北京：中国计划出版社，2011.

[8] 张福庆．咨询工程师工作指南．［M］．南昌：江西人民出版社，2012.

[9] 黎志涛．一级注册建筑师考试建筑方案设计（作图）应试指南第 4 版．［M］．北京：中国建筑工业出版社，2009.

[10] 吴大华．法律人类学论丛 2013 第 1 卷．［M］．北京：中央民族大学出版社，2014.

[11] 李少平．中华人民共和国人民法院法庭规则条文理解与适用．［M］．北京：人民法院出版社，2016.

[12] 荆其敏，荆宇辰，张丽安．建筑空间设计．［M］．南京：东南大学出版社，2016.

[13] 中国建筑工业出版社，中国建筑学会．建筑设计资料集 第 2 分册 办公 金融 司法 广电 邮政 第 3 版．［M］．北京：中国建筑工业出版社，2017.

[14] 段邦毅．空间构成与造型．［M］．北京：中国电力出版社，2008.

[15] 黎志涛．一级注册建筑师考试建筑方案设计（作图）应试指南 第 3 版．［M］．北京：中国建筑工业出版社，2007.

[16] 黎志涛．一级注册建筑师考试建筑方案设计（作图）应试指南．[M]．北京：中国建筑工业出版社，2012.
[17] 江苏省科学技术协会，浙江省科学技术协会，上海市科学技术协会．第三届长三角科技论坛 论文选辑．[M]．2006.
[18] 蒋建军．传播学概论．[M]．北京：煤炭工业出版社，2001.
[19] 邓玮祎．关于智能家居在未来居住室内空间设计中的发展 [J]．才智，2018（01）：245.
[20] 欧迪巧，银奕淇．浅析物联网应用背景下智能家居在室内空间设计中的发展 [J]．价值工程，2017，36（36）：219－220.
[21] 李培远．家居智能发展下的居住室内空间设计应用研究 [J]．艺术科技，2017，30（08）：307.
[22] 滕秀夫．智能家居在未来居住室内空间设计中的应用与发展研究 [J]．戏剧之家，2016（22）：171.
[23] 姜韶华，武静．基于本体与 BIM 的绿色建筑智能评价系统 [J]．工程管理学报，2016，30（04）：35－39.
[24] 刘喜庆，杨青．楼宇建筑智能弱电系统的应用实践探究 [J]．门窗，2016（06）：243.
[25] 龙锐．浅谈建筑智能空气调节系统设计 [J]．信息通信，2016（05）：87－88.
[26] 魏清桥．论医疗建筑设计中的空间优化措施 [J]．工程建设与设计，2020.
[27] 宋奕聪，吕太锋．以空间使用需求为导向的变形家具设计研究 [J]．工业设计，2020.
[28] 丁杨．交通建筑的空间设计 [J]．江西建材，2014.
[29] 刘飞．互联网设计思维下的室内智能空间设计 [J]．艺术教育，2019（06）：205－206.